地下工程岩石与混凝土
多场耦合特性及理论研究

胡大伟　张　帆　周　辉
赵建建　刘海涛　邵建富　著

U0263716

科学出版社
北　京

内 容 简 介

地下工程结构往往受到温度、应力、渗流和化学等多场因素的耦合作用，这些耦合作用对地下工程结构的稳定性造成了重要影响。本书主要介绍在地下工程岩石和混凝土多场耦合试验方法、本构理论、数值分析方法和工程应用等方面的一些最新研究成果。按照从单场到多场耦合、先试验后理论的步骤，分别介绍砂岩的矿物成分、力学、热学等各个单场特性，分析热处理对花岗岩力学、热学和渗流等特性的影响机理，酸碱性溶液渗透侵蚀下花岗岩裂隙流变机理与二氧化碳和咸水渗流作用下砂岩的流变机理。同时，在试验基础上分别建立岩石各向异性热学参数本构模型、多孔岩石 HMC 耦合本构模型和混凝土应力-化学侵蚀耦合模型，研究岩石和混凝土材料在应力、渗流、化学等耦合作用下的变形、渗透性、热传导系数与热膨胀系数等演化规律，并对高放废物地质处置工程巷道衬砌的长期稳定性进行了评估。

本书可供岩土工程、岩石力学、水利水电和环境工程等相关专业的高年级本科生、研究生、技术工作人员参考，也可为相关从业人员提供重要的理论指导和技术支持。

图书在版编目(CIP)数据

地下工程岩石与混凝土多场耦合特性及理论研究/胡大伟等著.—北京：科学出版社，2018.11
　ISBN 978-7-03-056130-5

Ⅰ.①地… Ⅱ.①胡… Ⅲ.①地下工程-岩石结构-耦合作用-研究②地下工程-混凝土结构-耦合作用-研究 Ⅳ.①TU94

中国版本图书馆 CIP 数据核字(2017)第 316772 号

责任编辑：周　炜　张晓娟 / 责任校对：桂伟利
责任印制：吴兆东 / 封面设计：陈　敬

科 学 出 版 社 出版
北京东黄城根北街 16 号
邮政编码：100717
http://www.sciencep.com

北京凌奇印刷有限责任公司 印刷
科学出版社发行　各地新华书店经销
*
2018 年 11 月第 一 版　开本：720×1000 1/16
2022 年 6 月第四次印刷　印张：12
字数：242 000
定价：98.00 元
(如有印装质量问题，我社负责调换)

前　言

随着能源开发、地下储存等工程建设范围的扩展和规模的扩大,地下工程建设呈现出前所未有的发展势头,更有一些极具挑战性的特殊工程问题(如放射性废物地质处置、二氧化碳地中隔离、页岩气开发、增强性地热开发等)亟待解决。在这些地下工程中,岩石与混凝土材料所处的地质与应力环境往往比较恶劣,温度、应力、渗流和化学等各场耦合更为复杂,温度和化学的作用尤其突出。然而,岩土介质中多场耦合机理的研究才刚刚起步,大部分研究主要集中在流固耦合,对温度和化学方面的耦合研究还不多见。因此,本书主要介绍作者近年来在岩土工程多场耦合方面,特别是温度和化学耦合方面取得的一些研究进展,以期为上述地下工程的设计、施工和运营提供理论和技术支持。

第 2 章主要介绍采用岩石 THMC 耦合多功能试验系统等试验仪器进行的试验研究,分析了沉积层面对岩石力学性质、热膨胀性质以及纵波速度的影响。根据试验结果,验证岩石各向异性力学性质与纵波速度之间的关系,层理面以及岩石基质和层理之间矿物成分的不同造成岩石表现出宏观各向异性特性。

第 3 章主要从高温热处理后花岗岩物性试验出发研究温度-应力对花岗岩的影响,研究花岗岩在温度-应力耦合条件下的常规物理力学性质,并深入分析高温热处理的内在影响机理。

第 4 章分别采用碱性溶液和酸性溶液作为渗透介质,深入研究含裂隙花岗岩不同围压下酸性和碱性化学溶液侵蚀作用下的力学性能,并进行裂隙面的微观结构观察,揭示花岗岩应力-化学侵蚀耦合的细观机理。

第 5 章研究了渗流-应力-化学耦合作用下 CO_2 在含水层砂岩储存过程中砂岩储层的性质,分析砂岩试样在 CO_2-咸水或者仅在 CO_2 作用下的流变应变、渗透率以及弹性模量的演化规律。

第 6 章分析包括裂纹分布、裂隙流体的种类以及所施加的应力状态等不同因素对裂隙岩体有效热学性质的影响,提出裂隙岩体的有效热学性质表达式,分析裂隙分布、裂隙流体对裂隙岩体有效热传导系数和热膨胀系数的影响规律。

第 7 章基于砂岩的渗流-应力-化学耦合作用下的试验研究,提出了一个适用于砂岩的渗流-应力-化学耦合模型,引入了力学损伤和化学损伤,并且考虑了在不同 pH 溶液的侵蚀下砂岩三种主要矿物的溶解速率。

第 8 章建立了一个水泥基材料应力-化学耦合理论框架,并提出了一个适用于混凝材料力学加载下钙离子浸出耦合模型,考虑力学和化学损伤之间的耦合效应,并建立相应的数值分析方法,能够较好地模拟出混凝土钙离子浸出和力学耦合作用规律。

　　本书的相关研究得到国家重点研发计划(2018YFC0809600、2018YFC0809601)、湖北省技术创新重大专项(2017AAA128)、国家自然科学基金(51479193、51779252、51579093)、中国科学院"百人计划"等的资助。同时,在撰写本书的过程中得到了有关专家的指导和帮助,在此一并表示感谢。

　　限于作者水平,书中难免存在不足之处,敬请读者批评指正。

目　　录

第1章 绪 论

1.1 工 程 背 景

20世纪80年代以来,水利水电、地热开发及石油、天然气开采和地下储存等工程建设呈现出前所未有的发展势头,同时,出现了一些更具挑战性的特殊工程,如放射性废物地质处置、二氧化碳地中隔离等。由于这些重大岩土工程设计、建设及其对环境影响评价的需要,岩土介质中的温度-渗流-应力-化学(thermal-hydrological-mechanical-chemical,THMC)耦合问题越来越受到关注。目前,关于岩土介质中THMC耦合的研究已经成为国际岩土力学和工程领域的热点与前沿。

在这些不同类型的岩土工程中,尤以放射性废物地质处置工程中的THMC耦合作用最为突出。从第一个地下实验室的建设算起,高放射性废物地下实验室已有50余年的历史[1]。由于放射性物质的衰变放热、地下储存场地的开挖与建造,以及地下水的存在,放射性废物地下处置必须考虑以下各物理-化学过程的相互作用:

(1)由高放废物处置库的开挖引起的岩石区域碎裂过程以及由此而引起的岩体渗透率及裂隙开度的变化。

(2)由高放射性废物中放射性核素发热(几千年至一万年)而引起的温度变化以及由此造成的岩体体积膨胀、热应力和水-岩及水-缓冲材料间的化学作用的变化。

(3)由以上过程造成的地下水流场的变化以及流场内压力对岩体应力、变形和温度的反作用。

(4)以上各过程对反应性和非反应性化学过程及放射性核素迁移过程的影响。

(5)以渗流为主要载体的化学反应(包括反应性和非反应性溶质与核素传输和迁移)过程对岩体力学性质和渗透性质的作用。

因此,高放射性废物处置库的多场耦合具有长时间尺度、较明显变温、多场因素都较突出且化学场意义特别重要等特点。

此外,我国是一个干旱且严重缺水的国家,水资源分布极不平衡,南北相差悬殊,水资源成了制约地区经济发展的主要因素。因此,跨流域调配水资源成了区域经济协调发展的重要保障,相继出现了一大批调水工程,如举世瞩目的南水北调东线、中线和西线工程。同时,在水利水电工程领域,我国西部水电资源丰富。由于水电具有污染小、技术经济指标优越等优点,因此相继建设了一大批世界级的大型水电工程。这些重大水利工程能有效解决区域水资源短缺,缓解能源供需矛盾,保障我国国民经济全面、持续、协调发展。引水隧洞是这些重大水利工程的重要组成部分,其往往处于地应力、水头压力和侵蚀性水环境等复杂条件之下。例如,兰州市水源地建设工程引水隧洞沿线地下水 pH 为 7.41~8.51,对混凝土具有重碳酸型弱到中等腐蚀性,最大水平主应力 18.3MPa;锦屏二级引水隧洞最大埋深约 2525m,最大地应力 70MPa,最大水头压力 10MPa,局部存在重碳酸钙型水,对混凝土具有弱到中等腐蚀性。混凝土材料是这些地下工程中最主要的结构工程材料,在地应力、水头压力和地下水侵蚀等复杂条件下混凝土材料的耐久性对引水隧洞的衬砌结构稳定性具有决定性影响,对这些重大水利工程的质量和服役寿命影响巨大。而岩石和混凝土作为这些地下工程的衬砌结构,其稳定性对工程质量和服役寿命具有决定性的影响。

由此可见,地下工程岩土介质中 THMC 耦合研究对于岩石力学基础理论、重大工程设计和施工等均具有重要的现实意义。

1.2　相关研究进展和基础

国内外许多学者在岩石的力学特性、渗流-应力(hydrological-mechanical,HM)耦合、温度-渗流(thermal-hydrological,TH)耦合、THMC 耦合以及混凝土材料的耐久性等方面已开展了大量的研究工作,本节将对这些方面的研究进展进行简要叙述。

1.2.1　岩石的力学特性

岩石是多种矿物的集合体,由于成岩过程中发生了一系列物理化学变化,因此不同种类岩石的微观结构也千差万别。而微观结构又是决定岩石宏观物理力学特性的主要因素,所以从岩石的微观结构特征入手,分析其矿物组成、孔隙度、裂隙开度、胶结物类型等可为宏观试验结果提供物理依据与理论解释。因此,对岩石微细观结构、矿物成分、孔隙度、胶结物及其排列组合方式进行研究是十分必要的。

相对于软岩,硬脆性岩石具有较强的应用价值,在各种实际工程施工中常会遇到硬脆性岩石。硬脆性岩石具有强度高、以脆性破坏为主、破坏时应变能快速释放等特点,因此对硬脆性岩石的基础性研究很有必要,国内外学者对此也做了大量的研究,取得了可观的研究成果。例如,许多学者研究了硬脆性岩石在三轴压缩条件下的力学和损伤特性,分析了应力-应变曲线特征、变形特征和强度特征,以及在不同应力条件下的破坏过程和特点[2~10];通过研究硬脆性岩石在三轴作用下的失效特点得出,硬脆性岩石的峰值强度、残余强度、杨氏模量和变形模量随围压的增大呈线性增长,以及单轴压缩条件下的破坏形式为张拉型破坏,三轴压缩下的破坏形式为压剪型破坏形式,并在不同围压条件下表现出不同的体积变形趋势。Arora等[11]对页岩在双向应力压缩和三向应力压缩过程中的破坏模式进行了研究,分析了在双向应力和三向应力压缩过程中页岩的破坏模式。Arzúa 等[12]对完整花岗岩和单裂隙花岗岩在三轴试验中的强度和膨胀量进行了试验研究和理论分析,利用全应力-应变曲线计算并分析了花岗岩试样的杨氏模量、抗压强度和峰后残余强度,并且研究了膨胀角。结果表明,单裂隙的存在使得花岗岩的峰值强度大幅度降低,但对残余强度的影响较弱;在低围压水平下,带裂隙花岗岩的膨胀量小于完整花岗岩,随着围压的提高,差异性逐渐降低;另外,对于峰后阶段的屈服准则,带裂隙花岗岩适用塑性剪切应变模型,而完整状态的花岗岩适用成熟的限制依赖关系模型。

微观测试技术在硬脆性岩石常规试样中的应用为分析宏观破坏机制提供支撑。Higo 等[13]利用 CT 扫描技术对三轴压缩过程中非饱和砂岩的局部变形进行检测。Tkalich 等[14]研究了花岗岩在一定围压下的三轴压缩试验和微观压痕试验,并对试验结果进行了数值模拟,在试验结果分析中解释了弹塑性材料的分段屈服准则、塑性强化/弱化准则以及复合损伤和非关联塑性流动准则,得出岩石的剪胀角随压力的增大呈线性减小。

国内外许多学者利用数值模拟的方法对常规三轴试验进行模拟。Shin 等[15]通过有限元分析软件,研究在常规三轴压缩过程中由于端部限制作用和在压缩过程中试样外围的橡胶套对试样表面微粒的影响,橡胶套和端部限制作用使岩石三轴压缩过程应力-应变曲线出现异常,并指出剪切强度出现的偏差可以利用基本的模型进行修正。

对测试试验数据进行屈服强度分析时常用到的屈服准则有特雷斯卡(Tresca)屈服准则、Mises 屈服准则、莫尔-库仑屈服准则、Drucker-Prager 屈服准则。国内外学者利用经典屈服准则对岩石破坏特性进行了分析。Öztekin 等[16]、Shin 等[17]、Yurtdas 等[18]测定了普通混凝土和高强混凝土在三轴压缩条件下的 Drucker-Prager 屈服参数,通过不同围压条件下混凝土的不同抗压强度的试验数据画出莫尔应力圆。根据莫尔应力圆可以求出试验选用的混凝土材料的强度参数:内摩擦角和黏聚力。Singh 等[19]、Barton[20]对完整岩石在三轴及多轴压缩过程中常用到的莫尔-库仑屈服准则进行了修正,指出莫尔-库仑屈服准则的两大主要局限,一是岩石的强度与围压呈线性函数关系,二是未考虑中间主应力的影响,并通过相关文献和试验数据得出 Barton 屈服准则能很好地规避这两个局限性。Chen 等[21]、Belheine 等[22]通过一系列传统三轴压缩试验和数值模拟结果揭示了花岗岩在破坏前的损伤特点。试验结果表明,在体积变形拐点之前损伤增加的速度较慢,之后损伤迅速增加。同时,根据试验结果推导出单轴压缩和三轴压缩中的最大弹性应变能密度的相关性的一个新的失效准则,利用泰森多边形理论建立了一个基于颗粒离散元的微观力学模型。Zhang 等[23]、Alkan 等[24]对岩石在无侧限和侧限压缩过程进行了声发射分形分析,研究表明,分形维数在加载初始阶段增加迅速,随着荷载的继续增加,分形维数逐渐减小。

对于硬脆性岩石在考虑中间主应力下的破坏机理,国内外学者也进行了大量的研究工作。Kun 等[25]、Jia 等[26]针对目前在深部挖掘过程中常遇见的岩体破裂和诱发性岩爆,进行了大量真三轴应力卸载试验研究。在试验研究过程中,为了充分考虑中间主应力(σ_2)对板裂破坏的影响,保持 σ_2 不变,减小最小主应力(σ_3)和增大最大主应力(σ_1),试件内部微破裂的发生通过声发射装置实时监测。试验研究表明,岩石的抗压强度随 σ_2 的增大呈现增大趋势,但增大的幅度逐渐降低;当 σ_2 较小时,破坏形式主要为剪切型破坏,随着 σ_2 的增大,破坏形式由剪切型向板裂破坏形式转变。Kaunda[27]对岩石真三轴应力状态进行人工神经网络研究,并对中间主应力对原岩强度的作用做出了论证。

深基坑工程以及深部巷道开挖工程常会涉及硬脆性岩石的卸荷试验。Huang 等[28]研究了大理岩在三轴卸荷过程中的应变能转换规律,试验中选用的初始围压为 20MPa、30MPa 和 40MPa,选用的卸荷速率为 0.1MPa/s、1.0MPa/s 和 10MPa/s。研究表明,在卸荷过程中初始围压和卸荷速率对岩石破坏模式和能量转换率有很重要的影响,随着卸荷速率增加,岩石破坏的形式由压剪型破坏向张拉型破坏转变,峰前应变能转换率随卸荷速率增加而逐渐增大,峰后应变能转换率随卸荷速率的变化趋势与峰前变化趋势相近,但是增加的速率提高了将近 10 倍。

1.2.2　HM 耦合

近年来,岩土介质中的流固问题越来越受到关注。大部分岩土介质均处于饱和状态,其中的孔隙、裂隙被一种或几种流相填充。因此,HM 耦合机理研究对许多结构和地下工程的稳定性分析尤为重要。根据试验观察,对于大多数脆性岩石,其中裂纹萌生、扩展直至贯通引起各向异性损伤,并导致材料最终破坏。这个损伤过程不仅会对材料的力学性质产生很大影响,而且会显著改变渗流路径,进而影响 HM 耦合规律。

多孔介质流固耦合问题的研究源于土的固结理论。Brace 等[29]首先研究了在高围压和孔隙压力下花岗岩的渗透率变化规律,开创了结合应力状态研究岩石渗透率的先例,认为花岗岩的渗透性随着有效围压的增大而减小,而孔隙压力对渗透性的影响与围压不同。Patsoules 等[30]根据英国约克郡的白垩灰岩的渗透性试验也得出类似的结论。Gangi[31]得出完整岩石的渗透性随围压的变化关系:完整岩石标准化的渗透率(k/k_0)随着围压比(p/p_0)的增大而减小。上述结果表明,岩体的渗透率随着有效压力的增大而减小。Ghaboussi 等[32]、Kranzz 等[33]、Jones[34]、Keighin 等[35]、Zoback 等[36]、Senseny 等[37]在这方面做了大量的工作。

裂隙水力耦合模型发展最早的是平行板窄缝模型,而岩体预制裂隙耦合作用的研究主要集中在粗糙的类天然裂隙渗透系数与应力(应变)之间的相互作用关系上。Louis[38]根据一些钻孔隙压力水试验成果给出了岩体渗透系数与法向应力呈负指数关系的经验公式。Gale[39]通过对花岗岩、大理岩和玄武岩三种岩体裂隙的室内试验,得到了导水系数和应力的负指数关系方程。Tsang 等[40]认为由于张开度的变化和岩桥的存在,裂隙渗流会出现偏流现象。Esaki 等[41]开展了岩体的剪切渗流耦合试验,并对参数取值进行了研究。耿克勤等[42]对剪切变形与渗流耦合进行了试验研究,解释了不同压应力作用下裂隙面剪缩和剪胀的原因。

三轴试验全过程的耦合试验是近些年随着先进试验设备和方法的不断研制开发才得以实现的试验方法。工程中岩体的破坏及其渗透性质是一个与细观损伤演化和宏观裂纹产生密切相关的过程,因此,耦合问题的试验研究势必要从简单裂隙的研究深入到渐进破裂及其渗透演化过程的分析中。

最初的研究是通过三轴压缩和剪切试验研究岩石峰值前后的渗透率变化规律,Zhang 等[43]对 Carrara 大理石和方解石等岩样的渗透试验表明,随着应变增大,渗透率增加得更加明显。Mordecai 等[44]在 Darley Dale 砂岩的断裂试验中测得渗透率增加 20%。Peach 等[45]、Stormant 等[46]对岩盐的试验也得到类似的结论。Li 等[47]、李世平等[48]开展了岩石应力-应变全过程中渗透率研究,发现渗透率是轴向应力-应变的函数。韩宝平等[49]的研究结果表明,细砂岩、粉砂岩等低渗透率岩石的渗透率在应力峰值附近有一个突跳增大的现象。Zhang 等[50]通过试验认为,脆性岩石峰值后渗透率明显产生突跳增大,这和体应变变化一致,李树刚等[51]、姜振泉等[52]也得到类似的结论。

随着对岩石破裂机制问题研究的深入,一些学者对峰值后试件剪切带随应变发展渗透率的演化过程存在较大争议。Zhu 等[53]发现,围压为 13~550MPa、孔隙压力为 10MPa 的条件下,对于低孔隙度(<5%)的砂岩等脆性岩石的渗透率规律和李世平的结论基本一致;但对于高孔隙度(>10%)的岩石,不管样品表现为应变软化还是应变硬化,渗透率都随着应变的增加而减小。Zoback 等[54]发现,花岗岩岩性的样品在脆性断裂区渗透率增加了 2/3,此时应力为峰值应力的 80%。Gatto[55]在 Berea 岩中观察到,在剪切滑移带,非静水压力的增加通常会导致高孔隙度岩石中孔隙被压缩,渗透率减小。可见,岩石膨胀性的变化和渗透性具有一致性。Zhu 等[56]通过研究 Adamswiller 岩、Berea 岩、Boise 岩、Darley Dale 岩和 Rothbach 岩由脆性向塑性过渡时渗透率和应力之间的函数关系,从砂岩孔隙度变化的角度详细解释了岩石由延性变形到膨胀变形的原因。Rhett 等[57]观察到,砂岩中渗透率的变化对通过静态和非静态相互作用的加载方式比较敏感。Somerton 等[58]研究得出,对于煤岩,膨胀区的渗透率主要依赖于平均应力,非静水应力的影响可以忽略。Wang 等[59]对混凝土材料裂纹扩展过程渗透性试验的研究表明,加载引起渗透率变化幅度较大。

此外,国内外许多学者采用细观分析手段对岩土介质中的 HM 耦合机理进行了大量研究。仵彦卿等[60]开展了基于 CT 尺度的砂岩渗流与应力关系试验研究。郭芳等[61]基于沥青路面早期水损害的水-荷载耦合 CT 扫描试验分析了力学响应机理。丁梧秀等[62]进行了渗透环境下化学腐蚀裂纹岩石破坏过程的 CT 试验研究。李妮[63]进行了庄 36 区低渗透油藏示踪剂适用性研究。杨勇等[64]在低渗透水力压力下对岩石的裂纹扩展进行了 CT 扫描,曹广祝等[65]进行了单轴和三轴及渗透水压条件下砂岩应变特性的 CT 试验研究,仵彦卿等[66]进行了 CT 尺度砂岩渗流与应力关系试验研究。高桥学等[67]利用显微 X 光 CT 对围压和孔隙水压条件下岩石试样的细微成像进行了研究。Ikeda 等[68]开展了岩石渗流-应力-化学(hydrological-mechanical-chemical,HMC)耦合试验研究,崔中兴[69]进行了基于 CT 实时观测的水-岩力学耦合机理研究。Ud-Din 等[70]进行了关于核电站废料处理的水力耦合方面的相关研究。

1.2.3 TM 耦合

温度对岩石的物理和力学性质有着非常重要的影响,但随着岩石赋存环境的不同以及成分、结构等的差别,对温度的作用有不同的响应。

1. 试验研究

为了探究温度对岩石物理与力学性质的影响,很多学者进行了大量的试验研究,对温度影响下岩石的破坏机理有了深入的了解,并且根据试验的结果提出了模拟岩石在温度作用下的力学模型。

国内外学者在常规力学试验基础上,对岩石在温度-应力(thermal-mechanical,TM)耦合下的性质进行了大量的研究工作[71~81]。Heuze[71]对高温状态下花岗岩的物理力学和热学性能进行了综合叙述,对高温状态下岩石的杨氏模量、泊松比、抗拉和抗压强度、纵波波速、热膨胀率、密度、导热系数以及热扩散系数等参数的演化规律进行了阐述。唐明明等[82]对花岗岩在低温状态下的力学性质进行了试验研究,研究表明,低温状态下,花岗岩的单轴和三轴抗压强度随温度的降低呈现出增大的趋势,黏聚力随温度的降低逐渐增大,而内摩擦角随温度的降低变化趋势不明显。黄真萍等[83]、Yin 等[84]、王朋等[85]、邵保平等[86]、Takarli 等[87]对高温遇水处理后的岩石力学性质进行了大量的试验研究,研究表明,经过高温遇水快速冷却后的花岗岩的峰值强度、杨氏模量和纵波波速随热处理温度的提高呈减小趋

势,比高温自然冷却的花岗岩劣化程度高。Zhang 等[88]对热处理后的岩石的物理
力学性能进行了试验研究,研究表明,经过高温处理后岩石内部矿物成分、内部结
构和含水率的变化使得岩石的物理力学性能发生变化,证实了随着岩石颗粒周围
的结合水和结晶水的消散,岩石的强度和纵波波速逐渐降低,渗透性增大。Tian
等[89]、徐小丽等[90~93]、万志军等[94]、Dwivedi 等[95]、杜守继等[96]对高温热处理后
的岩石进行力学性能研究,研究表明,杨氏模量随热处理温度的提高逐渐降低,抗
压强度与围压呈非线性二次多项式增长关系,破坏形式由脆性破裂向塑性变形过
渡,低温失稳形式是突发失稳,中高温度时是准突发失稳,高温时为渐进失稳;经过
高温热处理后的岩石力学性质最主要的影响因素为温度,其次是围压。蔡燕燕
等[97]研究经历高温处理后的花岗岩试样在三轴卸围压试验中岩石的力学特征,研
究表明,热处理温度为 300℃的花岗岩试样围压卸荷量最少,最容易发生破坏;并
且定量地揭示了卸荷试验破坏的主要原因在于强烈的环向变形致使体积扩容破
坏,高温热处理后的花岗岩破坏形态较为复杂,未经高温处理后的花岗岩破坏形式
为高角度的局部剪切破坏,随着热处理温度的升高,破坏为贯通的剪切破坏,
900℃时又变成局部剪切破坏形式。Shao 等[98]研究了不同矿物颗粒大小的花岗
岩高温冷却速率对其力学性质的影响,研究中两种不同冷却方法是高温状态在
空气中自然冷却和高温状态快速浸入冷水中迅速冷却。试验结果表明,400℃之
前,两种热处理方式中峰值应力没有显示出明显的随温度变化的趋势,杨氏模量
随热处理温度的升高呈现增加的趋势;随着热处理温度的提高,细颗粒花岗岩峰
值强度和杨氏模量变化的幅度远远小于中颗粒和粗颗粒花岗岩的峰值强度和杨
氏模量。

也有大量学者从矿物颗粒的微观角度展开研究,分析在 TM 耦合下矿物颗粒
的变化对岩石物理力学的影响。Vázquez 等[99]研究了热处理温度对花岗岩内部
矿物含量的影响,研究表明,岩石内部的矿物组成对岩石应力分布和裂隙产生的影
响远远大于岩石内部单个矿物对岩石整体应力分布和裂隙产生的影响,造成岩石
内部产生微裂隙的主要原因是岩石内部矿物颗粒的热膨胀量不一致。综合微观观
察试验结果和类花岗岩模型数据显示,在黑云母矿物颗粒附近会出现应力集中,这
会影响其他矿物颗粒的应力分配;模型数据表明,当石英和长石含量接近时(假设
均占矿物成分的 45%),占矿物成分 10%的云母承受的应力达到最大。刘泉声
等[100,101]、Szczepanik 等[102]对多场耦合作用下岩体内部出现的裂隙扩展和演化规
律进行了研究,总结了裂隙多场耦合的机制、模型和方法,对裂隙网络扩展的演化
及模拟的关键问题进行了研究,并根据研究内容提出了裂隙网络演化的耦合机制
和数值模拟方法。

张静华等[103]对室温至 300℃温度范围内花岗岩试样的三点弯曲断裂试验和
圆柱体试样的单轴压缩试验做了研究。结果表明,花岗岩以小于 2℃/min 的速率

缓慢加热到150℃时,断裂韧度将取得最大值,约为室温值的1.14倍,而单轴抗压强度随着温度的增加而递减;另外,利用扫描电子显微镜和光学显微镜的观察结果说明了温度对花岗岩断裂过程的影响。周宏伟等[104]通过大量试验对北山花岗岩进行了不同温度作用后的细观破坏现象研究,对不同温度条件下花岗岩的破坏过程进行了细观分析,同时分析了温度与北山花岗岩强度之间的关系,发现强度随着温度的增加具有先增加后降低的趋势。

付文生等[105]对大理岩在温度影响下的损伤特性进行了研究,在室温至500℃范围内,每间隔50℃进行大理岩多组温度下单轴压缩恒温破坏试验,得到了材料性质随温度变化的规律:100℃时,材料性质受温度影响不大,抗压强度和弹性模量仅有微弱减小;温度高于100℃时,抗压强度随温度的提高急剧降低,弹性模量也很快地减小;温度达到大约200℃后,发生了大理岩的脆延转换。李鹏举等[106]从宏观和微观角度出发,分别采用宏观试验、X射线衍射分析、断口分析研究了大理岩的脆延转换,结果表明,在试验温压范围内温度是大理岩脆延转换及成分变化的主要因素。左建平等[107]通过试验研究了不同温度条件下砂岩的变形破坏特性,并且比较了宏观断口位置图和应力-应变曲线,认为砂岩的局部变形破坏受到温度的影响很大。左建平等[108]还讨论了温度和压力作用下岩石的变形破坏机制,认为岩石的变形破坏是伴随着能量释放的耗散结构形成过程。

张渊等[109]通过试验手段研究了阜新细砂岩的热破裂过程,同时对不同温度作用下阜新细砂岩的微结构、矿物组分以及内部微裂纹的发展变化进行了观测。徐小丽等[110]对高温处理后花岗岩的力学与声发射特性进行研究,提出了机械损伤和热损伤的概念,建立了TM耦合损伤本构方程,并且对花岗岩热损伤开裂机理进行了分析。Wong[111]对不同温度和压力下Westerly花岗岩的破坏及峰后行为进行了试验研究,发现对于干燥试样,相对于压力的影响,温度与加载速率的影响较为不明显。而且数据表明,与常温相比,高温条件下水的影响更大。刘泉声等[112]通过三峡坝区细粒花岗岩20~300℃温度下的单轴和常规三轴压缩流变试验,对三峡花岗岩单轴应变和黏聚力随温度和时间的变化响应进行了探讨。刘泉声等[113]还对三峡花岗岩在不同温度作用下弹性模量的变化规律进行了试验研究,采用热损伤的概念,得到了热损伤演化方程以及一维TM耦合弹脆性损伤本构方程。

2. 理论模型研究

邵保平等[114]首先对鲁灰花岗岩主要成分和微焦CT细观结构进行了分析,然后分析了其在温度作用下流变过程中的热破裂,还对600℃、150MPa以内不同温度以及不同应力条件下花岗岩的弹性模量、热膨胀系数以及黏滞系数进行了认真细致的试验研究,通过对试验数据进行拟合,将弹性模量、热膨胀系数和黏滞系数表示为温度的函数,在此基础上推导出 TM 耦合作用下花岗岩流变本构模型,并进行了验证。

张慧梅等[115]在损伤力学理论的基础上,推导了 TM 耦合作用条件下岩石的损伤模型,并通过试验验证了所提出模型的合理性。陈剑文等[116]从微观统计的角度入手,建立了 TM 耦合条件下的盐岩损伤方程,并对所提出方程的有效性进行了验证。唐世斌等[117]针对岩石类材料,利用 TM 耦合的相关理论,并结合材料在细观尺度上的损伤演化规律提出了考虑损伤的 TM 耦合模型,在 RFPA 模型的基础上建立了脆性岩石材料热破裂过程分析的数值模拟方法。

3. 温度对岩石物理、力学参数的影响规律

岩石在 TM 耦合作用下的特性主要指温度对岩石的刚度、强度、塑性变形、流变特征、破坏方式(脆延性转换)、声发射、应力-应变曲线、断裂韧度、波速以及密度等特征的影响。

弹性模量、泊松比和强度方面。大多数学者的试验研究表明,温度对杨氏模量的影响与岩性、岩石结构及温度高低有关。例如,李力等[118]的试验表明,安山岩、花岗岩、石英粗面岩等的杨氏模量在 300℃ 以下随温度升高急剧减小,300℃ 后杨氏模量几乎保持定值,而凝灰岩和陶石等岩石随温度升高杨氏模量变化不大。张晶瑶等[119]利用点荷载方法,试验研究不同加热温度条件下磁铁石英岩和赤铁石英岩两种矿石强度的变化。结果表明,在加热温度达到 400℃ 之后,矿石强度明显下降。许锡昌等[120]对高温下岩石的基本力学性质进行了研究,发现温度作用下岩石的泊松比随温度升高而增大。

断裂韧度方面。Wang 等[121]对花岗岩断裂韧度的高温效应进行了比较系统的研究,发现花岗岩断裂韧度迅速下降的门槛温度为 200℃。张宗贤等[122]指出,辉长岩和大理岩的静态断裂韧度随热处理温度升高而降低。黄炳香等[123]选择甘肃北山花岗岩利用三点弯曲试验对花岗岩在温度影响下的流变断裂特性进行了初步的试验研究,得到了 200℃ 条件下北山花岗岩流变全过程曲线,研究了北山花岗岩断裂韧度随温度的变化规律,75℃ 断裂韧度出现极值。

声发射方面。试验发现[124],完整岩石温度变化过程中声发射值比岩石压裂过程中的声发射值高得多,而花岗岩的声发射数量随温度升高迅速减少。利用岩石的记忆性能,采用声发射的方法,可以确定岩石曾经受过的最高温度。

破裂模式方面。随着温度升高[125],花岗岩的力学破坏方式从突发式失稳、准突发式失稳逐渐转变为渐进式,破坏类型在 350℃ 以下以脆性或半脆性剪切破裂为主,随温度升高逐渐转变为半脆性、半延性或延性破坏。

试验设备方面。在进行试验研究时,国内学者自行研制的设备有[126,127]:①固体介质三轴试验机,即高温高压岩石三轴流变试验系统,该试验机为自行研制的设备,当采用 1GPa 容器时,围压达 700MPa,温度达 800℃。采用 2GPa 容器时,围压最高可达 1.1GPa,温度超过 1000℃,系统设计最长试验时间为 6 个月,稳态流变速率最低达 10^{-9}/s。②高温高压三轴仪,由长春市新特试验机有限公司与中国科学院武汉岩土力学研究所共同研制。③20MN 伺服控制高温高压岩体三轴试验机,该试验机最大轴压和侧压均为 10000kN,最高加热稳定温度为 600℃。

根据研究目的的不同,试验方法大体上可以分为两种:①将岩芯在常压下加热进行高温处理,均匀加热一定时间后冷却至室温,再测量其物理力学性质;②在高温高压仪器中将岩芯加热进行高温高压处理,测量其物理力学性质。研究过程中除常规方法外常用的方法有声发射技术、核磁共振技术、扫描电子显微镜技术、立体成像技术、X 射线衍射技术、CT 扫描技术、光学显微镜技术等。

1.2.4　THMC 耦合

岩土体介质应力(变形)、渗流及温度等多场耦合研究于 20 世纪 70 年代起步。在 THMC 多场耦合问题中研究最为深入的领域是进行实验室和现场试验,建立整个耦合过程的数学模型和数值方法以及进行总体安全性评估方法的研究。

20 世纪 80 年代中期,对裂隙岩体 THMC 耦合问题的研究得到飞速发展。其中,Noorishad 等[128]、Ohnishi 等[129]、Jing 等[130]、Rutqvist 等[131]分别采用数值模拟、数学及力学分析方法对不同类型岩体的温度-渗流-应力(thermal-hydrological-mechanical,THM)耦合作用机理进行了研究;特别是 Hudson 等[132,133]对核废料储存库地下岩体的 THM 耦合作用进行了系统研究。上述研究使岩石力学发展成为以连续介质力学为基础,运用连续和非连续介质力学的基本概念、模型和方法来研究岩体的应力、强度、变形、破坏及流体-热-化学传输等物理力学特性,并解决工程岩体稳定性问题的应用力学学科。

国外对于 THMC 多场耦合过程的研究主要围绕高放废物地质处置工程开展,经过多年的研究取得了良好的进展[134~138];但到目前为止,主要涉及的是渗流、应力、温度、化学传输的两场或三场耦合过程的研究,特别是关于化学场的研究才刚刚开始,也尚未涉及应力、温度、水流、化学传输耦合过程研究。由于化学和岩石力学分别属于两个跨度较大的研究领域,因此同时包含应力和化学作用的多场耦合的研究难度更大。例如,美国在尤卡山也只进行 THM 或温度-渗流-化学(thermal-hydrological-chemical,THC)传输耦合过程的研究,尚未进行 THMC 传输四场耦合过程方面的研究。即使是国际合作项目 DECOVALEX,在 2004 年开始的第 4 期任务中才将 HMC 或 THC 耦合过程的研究列为主要内容。

井兰如等[139]对放射性废物地质处置中的 THMC 耦合问题进行了探讨;周创兵等[140]对岩体多场广义耦合及其工程应用进行了分析;程远方等[141]对多场耦合作用下泥页岩地层强度进行了研究;刘泉声等[142]对 THM 耦合行为进行了预测模

拟,发现模拟结果与其他国家平行研究结果存在较好的一致性。何满潮等[143]采用自主研发的深部软岩水理作用测试系统,在多场耦合作用下,对软岩与水相互作用造成强度衰减的机理进行了研究,并引入量子力学第一性原理,建立了蒙脱石、高岭石中基本硅酸盐组分的计算模型,揭示了软岩与水吸附能量的变化规律[144~148]。同时,采用自主研发的耦合力学试验系统,对温度-压力耦合作用下岩体强度变化及其吸附气体解吸运移规律进行了研究[149~152]。

冯夏庭等[153~157]、王泳嘉等[158]进行了不同水化学环境下岩石破裂特性的试验研究,分析了花岗岩在流变、应力增加和松弛过程中的时间分形特征。陈四利等[159]对不同化学溶液作用下砂岩、花岗岩、灰岩的力学特性进行了系统的试验研究及分析,建立了峰值前化学损伤本构模型和损伤演化变量。丁梧秀等[160]、冯夏庭等[161]采用自行研制的细观加载仪对不同化学溶液作用下的多裂纹灰岩、石灰岩试件进行了压缩破坏全过程试验,得出岩石试件变形特征及裂隙萌生、扩展和贯通的方式及破坏时岩桥不同的搭接方式。王建秀等[162,163]运用化学动力学和断裂力学的理论和方法,建立了拉剪状态下碳酸岩水化-水力耦合损伤模型,并对某工程围岩裂隙岩体中的应力强度因子及渗透张量进行了计算。周翠英等[164]进行了软岩与水相互作用方面的研究,指出水-岩相互作用的焦点应着眼于特殊软岩-水相互作用的基本规律,重视水-岩相互作用的矿物损伤和化学损伤所导致大的力学损伤及其变异性规律性研究,提出建立岩土工程化学分支学科的必要性。汤连生等[165~170]对水-岩相互作用下的力学与环境效应进行了较为系统的研究,进行了不同化学溶液作用下不同岩石的抗压强度试验及断裂效应试验,对水-岩反应的力学效应机理及定量化方法进行了探讨,并将水-岩化学作用与地质灾害等岩土体稳定性联系起来。谭卓英等[171]进行了酸化环境下岩石强度弱化效应的试验模拟研究。李宁等[172,173]通过研究钙质胶结长石砂岩在不同 pH 作用下的主要胶结物成分,提出了可应用于酸性溶液的岩石化学损伤强度模型。刘泽佳等建立了含化学污染物的非饱和土中化学-力学耦合行为的本构模型。霍润科等[174]研究了钙质胶结砂岩受酸腐蚀的渗透力学特性,建立了岩样渗透破坏深度、单轴抗压强度、CT数与岩石密度之间的关系式,推算了不同时段溶液的浓度,并对计算结果进行了初步验证。阿里木·吐尔逊[175]利用耦合渗流-溶质迁移以及地球化学反应等方程建立了坝基老化的水-岩作用模型,并对新安江大坝坝基的老化过程进行了二维数值计算。乔丽苹[176]通过试验研究,分析了砂岩在水物理化学作用下的细观损伤机制,提出了砂岩-水物理化学损伤变量表达式。姚华彦[177]以湖北恩施灰岩为研究对象,进行了多种化学溶液浸泡饱和下的常规三轴压缩试验研究。分析表明,水化学腐蚀作用下岩石有由脆性向延性转变的趋势,并且经化学溶液腐蚀后的砂岩弹性模量、黏聚力、摩擦系数都有不同程度的降低,泊松比则变大。

汤连生等[168]在常温常压、不同循环流速条件下,对不同化学性质的水化学溶液作用下的花岗岩、红砂岩和灰岩进行了单轴抗压强度试验,取得了时效性的定量结果。分析发现,水-岩化学作用对岩石的力学效应具有很强的时间效应,影响岩石化学损伤的主要因素有岩石的物理性质和矿物成分、水溶液的化学性质、岩石的结构或物质成分空间分布的非均匀性、水溶液通过岩石的流动速率和岩石的成因及演化历史五个因素。乔丽苹对砂岩进行了不同离子浓度、不同 pH 化学溶液浸泡试验,并对浸泡饱和后的砂岩进行了单轴压缩流变试验,并建立考虑化学离子浓度影响的伯格斯流变模型。崔强[178]分别开展了不同水化学溶液对岩石的流变影响试验以及化学-水流耦合作用下的岩石单轴压缩流变试验,发现水化学溶液可使流变稳定后的岩石变形进一步增加;并开展了不同化学溶液渗透压下砂岩三轴流变试验,对流变过程中砂岩试件的孔隙度、渗透率进行了测定;在试验基础上,以溶液 pH 和试件初始孔隙度为影响因素,建立了 HMC 三场耦合环境下的流变参数非线性模型,并对不同初始孔隙度与不同 pH 溶液下的流变规律进行了预测和分析。

以上研究主要针对完整岩石,目前针对岩石节理的室内岩石 HMC 耦合作用的研究也越来越多。Moore 等[179]、Lin 等[180]、Durham 等[181]指出,根据试验研究,在温度、水、应力、化学共同作用下裂缝的渗透率变化非常明显。Yasuhara 等[182]建立了颗粒的溶解、扩散、沉淀的速率与应力、裂缝的几何参数以及流体性质之间的数学关系式,随后找出了裂缝的开度与粗糙面之间的联系。

1.2.5　混凝土材料的耐久性

尽管混凝土的发明只有一百多年的历史,但人们很早就开始关心并认识到混凝土耐久性这一问题,从开始不够重视,到后来投入大量人力物力进行理论和试验研究。对混凝土耐久性的研究可追溯到 19 世纪 40 年代,法国工程师维卡探索所建造的码头被海水腐蚀的原因。1925 年,美国开始在硫酸盐含量极高的土壤内进行长期试验,目的是获取 25 年、50 年以至更长时间的混凝土腐蚀数据。德国的钢筋混凝土协会利用混凝土构筑物遭受沼泽水腐蚀而损坏的事例,对混凝土在自然条件下的腐蚀情况进行了一次长期试验。1951 年,Bäckblom 等[183,184]、Kuzyk 等[185]、Zhao[186]和莫斯克文[187]在混凝土保护层最小的薄壁结构的防腐问题和使用高强度钢制作钢筋混凝土构件的问题方面做了不少工作,并在大规模研究工作的基础上制定了防腐标准规范,为建造具有足够耐久性的钢筋混凝土结构提供了科学依据。

我国对钢筋混凝土结构的耐久性研究始于 20 世纪初南京水利科学研究院对混凝土碳化和钢筋锈蚀的相关研究[188]。较大规模的研究在 20 世纪 80 年代,中国土木工程学会于 1982 年和 1983 年连续召开了两次全国性的混凝土耐久性会议,在《钢筋混凝土结构设计规范》(GBJ 10—1989)编制期间对国外的研究成果进行了系统总结与归纳[189]。混凝土耐久性的影响因素主要包括混凝土碳化、化学侵蚀、钢筋锈蚀、冻融破坏和碱-集料反应等,以下将从上述几个方面综述国内外相关领域的研究进展及发展动态。

1. 混凝土碳化

混凝土结构周围环境介质(土壤、空气、水)中的酸性物质与混凝土表面接触并通过各种孔隙渗透至混凝土内部,与水泥石中的碱性物质发生化学反应,称为混凝土的中性化[190]。其中,混凝土在空气中的碳化是中性化最常见的一种形式,也是混凝土中性化研究的主要对象。它是空气中 CO_2 与水泥中的碱性物质,如 $Ca(OH)_2$、CSH 以及部分未水化的 C_3S、C_2S 发生反应,使混凝土的成分、组织和性能等发生变化,钢筋钝化膜赖以存在的碱性环境也遭到破坏。混凝土碳化后 pH 降低,当碳化深度到达钢筋表面后,钢筋表面的氧化膜将被破坏,变得易发生锈蚀。此外,碳化还加剧了混凝土的收缩变形,导致裂缝出现、黏结力下降,严重时甚至会造成保护层脱落。

苏联学者深入研究了这个多相物理化学过程,得到碳化过程受 CO_2 在混凝土孔隙中扩散控制的结论,并由菲克第一定律推导得到了经典混凝土碳化理论模型;日本学者建立了混凝土孔结构模型,使得到的碳化公式更加实用;Papadakis 等[191]试验研究得出水泥中可碳化物质不仅有 $Ca(OH)_2$、CSH,还有未水化的 C_2S 和 C_3S;Park 使用有限元方法构建了扩散反应的碳化模型,用来计算碳化深度,运用这种方法既可以计算 CO_2 的扩散系数又可以计算 CO_2 的溶解系数;Houst 等[192]研究了水泥砂浆的碳化机理,同时研究了含水率对混凝土中 CO_2 扩散速率的影响;Babushkin 等从水泥水化产物的 pH 以及 CO_2 与混凝土中碱性物质反应后 pH 的角度研究混凝土的碳化机理;叶铭勋[193]通过化学反应的基本原理,揭示了孔隙溶液中的碳化反应,并计算了碳化反应时固相体积的变化;蒋利学等[194]在 Papadakis 碳化模型的基础上,通过数值方法,分析了混凝土碳化区内 $Ca(OH)_2$ 浓度以及 pH 的变化规律。张海燕等[195]对不同水灰比的混凝土进行 28 天碳化试验得出:当水泥用量保持不变时,用水量越少,碳化深度越低;用水量保持不变时,碳化深度与水泥用量呈反比例关系;混凝土强度越高,抗碳化性能越好,温度越高,碳化速率越快。杨建森等[196]通过研究在硫酸盐溶液中腐蚀过的混凝土试块的抗碳化性能总结出水灰比、孔隙度、粉煤灰掺量(0~30%)这三个因素对碳化的影响是从大至小的。阿茹罕等[197]同时采用加速碳化与自然碳化两种试验方法,研究 C30 混凝土在不同掺量粉煤灰条件下的抗碳化性能,认为在碳化初期,粉煤灰的物理填充效应使得混凝土更加密实,使得混凝土的抗碳化能力得到提高。但是随着碳化时间延长,粉煤灰的"火山灰反应"消耗了混凝土中的 $Ca(OH)_2$,使得粉煤灰掺量增加,混凝土的碳化深度也相应增加。吴用贤[198]、田浩等[199]通过采用夹具对混凝土试块施加应力并且带着夹具一起放入碳化箱中,研究了在存在拉应力或压应力条件下混凝土抗碳化能力的变化规律。试验结果表明,混凝土的抗碳化能力与其所处的应力状态有很大关系:混凝土抗碳化性能与拉应力大小呈反比例关系;反之,压应力在一定范围内可以改善混凝土的抗碳化能力。

2. 化学侵蚀

化学侵蚀是地下工程高性能混凝土耐久性降低甚至完全破坏的主要影响因素之一,包括氯离子侵蚀、硫酸盐侵蚀、酸性物质侵蚀、钢筋锈蚀、冻融破坏和碱-集料反应。

1) 氯离子腐蚀

钢筋混凝土结构在使用期间可能遇到的各种暴露条件中,氯化物是一种最危险的侵蚀介质,它不仅存在于海水中,还存在于道路除冰盐、盐湖盐碱地和工业环境中,对各种结构造成多方面的危害。首先,氯离子是很强的去钝剂,当氯离子进入混凝土到达钢筋表面并吸附于局部的钝化膜时,可以使该处的 pH 迅速降低到 4 以下,从而破坏钢筋表面的钝化膜,使得钢筋极易发生腐蚀。其次,在局部钝化膜刚开始遭到破坏时,一部分铁基体由于钝化膜的破坏而裸露在外,裸露的铁基体与未发生破坏的钝化膜区域形成电位差,铁基体作为阳极而受到腐蚀,最终造成钢筋大面积锈蚀。在钢筋锈蚀过程中,氯离子还起着去极化作用与导电作用。氯离子与阳极反应产物 Fe^{2+} 结合生成 $FeCl_2$。将阳极产物及时清除,使其氧化过程顺利甚至加速进行,称为氯离子的去极化作用。此外,在混凝土中由于氯离子的导电作用强化了腐蚀电池的离子通道,降低了阴阳极之间的欧姆电阻,提高了腐蚀电池的效率,从而加速了电化学腐蚀过程[200]。20 世纪 60 年代以来,氯离子环境下混凝土材料的耐久性问题越来越引起世界各国的普遍关注。1976 年美国试验与材料协会(American Society for Testing and Materials,ASTM)召开了氯化物腐蚀问题专题会议,专门对氯离子环境下混凝土耐久性问题进行了探讨。英国也于 1979 年在伦敦召开了专门的学术会议,探讨如何防护氯离子对钢筋混凝土结构物的腐蚀。1985 年美国研究者 Rasheeduzzafar 等[201]在伊拉克滨海地区进行了土壤的腐蚀试验,试验结果证明钢筋锈蚀和混凝土膨胀开裂的主要原因是土壤和地下水中高含量的氯离子。1987 年,Escalante[202]通过对酸性土壤中钢筋腐蚀进行研究,发现埋于地下钢筋的腐蚀比地面上的腐蚀快很多,其中氯离子含量高的土壤比硫酸根、镁离子含量高的土壤的腐蚀要快。从 20 世纪 90 年代至今,世界多数国家的钢筋混凝土结构物普遍进入老龄期,混凝土耐久性问题尤其是氯离子环境下混凝土耐久性问题备受关注。1992 年,美国和加拿大联合举办了第二届混凝土耐久性会议,1993 年 10 月在日本大宫市召开了建筑材料与结构的第六届耐久性国际会议,1995 年,瑞典、德国、挪威、英国等 12 国成立了 DuraCrete 项目,专门研究基于概率方法的混凝土耐久性问题。

我国对混凝土结构钢筋受氯离子腐蚀的研究始于 20 世纪 60 年代初期南京水科院的钢筋锈蚀研究,然后中国建筑科学研究院和冶金部建筑研究总院等科研机构对受腐蚀钢筋混凝土构件进行了大量研究。1990 年以来,国家科学技术委员会(现称科学技术部)和国家自然科学基金委员会对受腐蚀钢筋混凝土结构耐久性的研究给予了大力支持。1991 年 12 月在天津成立了全国混凝土结构耐久性学组,并开始着手制定混凝土结构耐久性规范。中国建筑科学研究院、冶金部建筑研究院等单位均相继承担了相关基金项目及攻关项目,并取得了大量的基础性研究成果。同时,我国也涌现出很多氯离子环境下钢筋混凝土结构耐久性研究方面的专家,刘西拉等[203]对如何提高混凝土耐久性进行了分析并提出了设计建议;金伟良等[204]对受腐蚀钢筋混凝土构件的混凝土强度、钢筋抗拉强度和钢筋与混凝土之间的黏结力进行了系统研究,取得了很多结论;赵铁军等[205]对氯离子在混凝土结构中的扩散系数进行了研究。

2) 硫酸盐侵蚀

1874 年,列曼首次发现并研究了钙矾石。米哈艾利斯于 1892 年声称是他第一次人工合成了钙矾石。在随后的 100 多年里,国内外学者对混凝土硫酸盐侵蚀进行了大量研究。混凝土硫酸盐侵蚀破坏的实质,是环境水中的硫酸根离子进入混凝土内部,与水泥石的某些固相组分发生化学反应而生成一些难溶的盐类矿物,如钙矾石、二水石膏,这些难溶的盐类矿物由于吸收了大量水分子而产生体积膨胀,形成膨胀内应力,当膨胀内应力超过混凝土的抗拉强度时就会导致混凝土的破坏。1925 年,在密勒领导下,美国开始在硫酸盐含量极高的土壤内进行长期试验。2000 年,Brown 等[206]通过对加利福尼亚某地区的地基基础研究后发现,富含硫酸盐的地下水对混凝土基础有严重的腐蚀作用,并在所统计的数据基础上,分析了该地下水侵蚀混凝土后的产物形成机理及在混凝土构件表面的分布情况。铁道科学研究院防腐蚀组结合我国西部硫酸盐腐蚀的环境条件,开展了室内长期浸泡、室外埋设试件的研究。

Najimi 等[207]研究发现,加入掺合料可提高混凝土抗硫酸盐腐蚀性能。梁咏宁等[208]研究了不同硫酸盐对混凝土的腐蚀破坏机理,指出不同种类的硫酸盐溶液中混凝土的破坏机理不尽相同。刘俊等[209]研究了不同种类以及不同含量掺合料混凝土的抗硫酸盐侵蚀,结果表明,随着水灰比的增大,掺合料混凝土的抗硫酸盐性能降低,掺合料的种类以及含量对混凝土抗硫酸盐性能有很大影响。蒋敏强[210]对海水侵蚀下混凝土材料的宏观本构关系、有效弹性模量的演化进行了研究,得出宏观力学性能的演化有两个原因:一是硫酸盐侵蚀产物钙矾石的形成引起混凝土材料凝聚性降低而导致强度下降;二是生成的钙矾石改变了混凝土自身的结构及其含量的逐渐增多引起混凝土微裂缝的产生,引起宏观力学性能的退化,最终导致混凝土开裂破坏。

3）酸性物质侵蚀

当混凝土置于酸性环境中,酸性物质与混凝土中的氢氧化钙起中和作用,使混凝土表面的空隙和细小裂缝扩大深入,明显出现表面腐蚀现象。随着表面腐蚀的加深,混凝土内部的碱性环境将被酸化。因此,酸性物质对钢筋混凝土结构的腐蚀由表及里,使混凝土和钢筋都发生破坏,对结构的承载力有严重影响。特别是近现代人类活动引起的严重环境污染,导致酸雨等现象严重,对生态环境造成了严重的损害,也加速了混凝土结构的腐蚀,因此,研究酸性物质对混凝土耐久性的影响也十分必要。

王鹰等[211]对隧道混凝土衬砌在酸性环境水条件下的侵蚀过程进行了实验室浸泡试验和理论分析,同时结合具体的隧道工点调查,为穿越含黄铁矿地层的隧道混凝土病害整治和预防提出了针对性很强的工程措施。谢绍东等[212]讨论了酸性物质对混凝土、砂浆和灰砖的侵蚀机理,对整个腐蚀过程的分析表明,即酸性物质对建筑材料的腐蚀,主要是 H^+ 引起的溶解腐蚀和 SO_4^{2-} 引起的膨胀腐蚀。刘惠玲等[213]进行了酸性物质腐蚀试验,模拟酸雨浸泡混凝土试样。结果发现,酸度增大或 SO_4^{2-} 浓度增高,混凝土的腐蚀加快,使材料的强度下降;SO_4^{2-} 长期侵蚀会使材料产生体积膨胀而破坏。胡晓波[214]进行了酸性物质侵蚀混凝土的试验模拟分析。基于酸雨对混凝土的侵蚀烈度和混凝土性能破坏限定,研究混凝土耐酸性物质侵蚀寿命的评价方法。郭院成等[215]针对酸性环境下钢筋混凝土受弯构件进行了整体加速腐蚀试验研究,验证了已有钢筋混凝土结构的基本腐蚀理论,分析了不同类型、不同浓度酸性介质对结构的腐蚀作用及结构的基本腐蚀损伤过程,为建立结构的腐蚀速率模型提供了基本的数据,并为进一步分析受腐蚀结构的耐久性提供依据。张小伟等[216]研究了在两种有机酸对混凝土不同的腐蚀机理,为研究有机酸与无机酸对混凝土不同腐蚀机理提供了参考。

4）钢筋锈蚀

钢筋锈蚀常是影响混凝土结构耐久性的关键因素。混凝土中钢筋锈蚀是在氧和水的条件下发生的一种特定电化学腐蚀。正常条件下,浇筑混凝土时由水泥水化析出的氢氧化钙和少量钾、钠氢氧化物呈强碱性,pH 约为 12.5。在这种介质中,钢筋表面可形成钝化膜,使钢筋表面的阳极区显著钝化。这时即使氧气向钢筋表面迅速扩散,仍可有效地抑制钢筋锈蚀。只有当混凝土中钢筋表面的钝化膜被破坏后,钢筋才会发生锈蚀。试验研究表明,导致钢筋表面钝化膜破坏的原因主要有两种:一是含有二氧化碳的空气渗入混凝土内部,使混凝土保护层碳化(中性化),从而失去对钢筋的保护作用;二是氯离子渗入混凝土中,使钢筋表面的钝化膜破坏。

有关混凝土碳化所导致的钢筋锈蚀,国内外已进行了较广泛和深入的研究,蔡光汀[217]对钢筋的腐蚀机理进行了细致的分析,洪乃丰等[218~224]在钢筋腐蚀与检测方面做了大量的研究工作,牛荻涛等[225,226]、金伟良等[227]根据钢筋锈蚀的电化学机理,建立了混凝土钢筋锈蚀开裂前后的锈蚀量预测模型,并根据试验和实际工程检测结果研究钢筋开始锈蚀的条件,运用神经网络技术评估钢筋锈蚀量等。王林科等[228]、惠云玲等[229~231]在试验与工程实际调研的基础上对钢筋锈蚀的影响因素进行分析,并建立钢筋锈蚀量的预测模型;淡丹辉等[232]考虑钢筋腐蚀的力学效应来研究钢筋的锈蚀速率,这样更能接近钢筋的实际情况;Gjorv 等[233]、Page 等[234]、Gonzalez 等[235]研究了混凝土氧扩散过程及其在钢筋锈蚀过程中的作用;Cao 等[236]研究了不同水泥品种对钢筋锈蚀的影响。

5)冻融破坏

混凝土建筑物所处环境凡是有正负温交替、混凝土内部含有较多水时,混凝土都会发生冻融循环,因此混凝土冻融破坏是耐久性中非常重要的一个方面[237]。混凝土的冻融破坏是国内外研究较早且较深入的课题,从 20 世纪 40 年代开始,美国、苏联、欧洲、日本等均开展过混凝土冻融破坏机理的研究,提出的破坏理论就有五六种。例如 Powers 等[238,239]提出的静水压力理论和渗透压理论等。但迄今为止,对混凝土的冻融破坏机理,国内外尚未得到统一的认识和结论。静水压力理论认为,在冰冻过程中由于混凝土孔隙中的部分孔溶液结冰时体积膨胀约 9%,迫使未结冰的孔溶液从结冰区向外迁移;孔溶液在可渗透的水泥浆体结构中移动的同时,必须克服黏滞阻力,从而产生静水压力,形成破坏应力。渗透压力理论认为,由于水泥浆体孔溶液呈弱碱性,冰晶体的形成使这些孔隙中未结冰孔溶液的浓度上升,与其他较小孔隙中的未结冰孔溶液之间形成浓度差。在这种浓度差的作用下,较小孔隙中的未结冰孔溶液向已经出现冰晶体的较大孔隙中迁移,产生渗透压力。孔溶液的迁移使结冰孔隙中冰和溶液的体积不断增大,渗透压也相应增长。渗透压作用于水泥浆体,导致水泥浆体内部开裂。这两种假说均为混凝土冻融破坏理论的重要组成部分,至今为大多数学者所接受。

Chatterji[240]研究了低温下孔隙结构中水和冰的性能。他认为,混凝土中某处未完全冻结的过度冰冷的水会诱陷其周围的冰晶,然后立即结冰使混凝土中产生结冰压力。李金玉等[237]通过快速冻融试验来探索混凝土水饱和状态下冻融过程中的破坏机理,通过对比不同种类混凝土在水饱和状态下冻融过程中的抗压强度、抗弯强度、水化产物的电镜分析以及 X 射线衍射分析等宏观特性和微观结构,得出不同种类混凝土的破坏机理不尽相同的结论。杨钱荣等[241]系统地研究了引气对混凝土耐久性的影响,指出引气除了可以大幅度提高混凝土的抗冻性、改善混凝土的工作性外,在同等强度下,还可以显著改善混凝土的抗渗性、抗氯离子渗透和抗碳化性能等。谭克锋[242]研究了水灰比和掺合料对混凝土抗冻性能的影响,得出水灰比越低,抗冻性能越好;不同掺合料对混凝土抗冻性影响也不一样,如掺入硅灰抗冻性能有所改善,但掺入粉煤灰使其抗冻性能有所降低。姜雪洁等[243]研究了纤维混凝土抗冻融性能,指出掺加纤维可提高混凝土抗冻融性能,并指出其抗冻机理。陈爱玖等[244]研究了再生粗骨料混凝土的抗冻耐久性,指出再生粗骨料混凝土抗冻耐久性略低于普通混凝土,但抗冻性下降不多,仍可满足一般工程的抗冻耐久性。

6) 碱-集料反应

碱-集料反应是指混凝土中的碱与集料中的活性组分之间发生的破坏性膨胀反应,是影响混凝土耐久性的主要因素之一。该反应不同于其他混凝土病害,其开裂破坏是整体性的,并且目前还没有有效的修补方法,对碱-碳酸盐反应的预防也尚无有效的措施。由于碱-集料造成的混凝土开裂破坏难以阻止,因而成为混凝土的"癌症"。1940 年,Stanton[245]发现碱-集料反应的初期实质上指的就是碱-硅酸反应;到了 1957 年,Swenson[246]又发现了碱-碳酸盐反应;其后 Duncan 等[247]又提出碱-硅酸盐反应,但随后又被学者证实所谓的碱-碳酸盐反应实质仍是碱-硅酸反应。早在 20 世纪 50 年代末,我国就已注意到国外碱-集料反应破坏事例的经验教训,因此对大型混凝土工程鉴定集料的碱活性已引起重视,直到 90 年代,陆续在全国各地发现因碱-集料反应所引起的破坏实例。

唐明述等在获得加拿大活性样品之后,对碱碳酸盐反应进行了长期、系统的研究,提出膨胀是由局部化学反应和结晶压引起的理论,并且研究了去白云石化反应与水泥石液相 pH 的关系,认为将水泥石液相量进一步降低之后有可能抑制碱-碳酸盐反应。莫祥银等[248]对化学外加剂抑制碱-硅酸反应的原理做了相关概述,并讨论了化学外加剂在减少碱-集料反应方面的相关发展方向。文梓芸[249]从化学的角度详细叙述了碱-硅酸反应的四个阶段以及致膨胀的力的来源,并且指出了 $Ca(OH)_2$ 在反应中的作用。杨长辉等[250]研究了三类碱矿渣水泥砂浆的碱-集料反应引起的膨胀,并指出虽然碱矿渣水泥碱含量较高,但出现危险性碱-集料反应的可能性远低于普通水泥。王玉江[251]通过对比含碱集料在低碱、高碱环境下试样的膨胀效应,得出含碱集料在低碱环境下,碱-集料反应反而更加严重,并对含碱集料在碱性环境下的析碱机理进行了系统研究。宗永红等[252]研究了磨细矿渣粉、锂硅粉、锂渣粉等混凝土掺合料对碱-集料反应的作用,并分析了机理。

1.3　本章小结

综上可知,许多学者已经在岩石与混凝土材料多场耦合方面取得了丰硕的研究成果,但是,地下工程中岩石与混凝土材料所处的环境往往比较恶劣,温度、应力、渗流和化学等各场耦合比较复杂,温度和化学作用尤其突出。然而,目前国内外关于此问题的研究大都停留在根据试验结果对两场或三场耦合规律的拟合分析,或仅是对 THMC 多场耦合宏观规律的定性描述,很少有真正反映实际物理化学力学耦合机理的研究成果。本书的目的在于通过室内试验,采用一系列宏细观观察方法,深入分析地下工程环境下岩石与混凝土材料多场耦合的内在机理,并建立相应的理论模型和数值分析方法,以丰富和完善地下工程中岩石与混凝土材料多场耦合的研究成果。

参 考 文 献

[1] IAEA. IAEA-TECDOC-1243:The use of scientific and technical results from underground research laboratory investigations for the geological disposal of radioactive waste[R]. Vienna:Waste Technology Section,International Atomic Energy Agency,2001.

[2] Zong Y,Han L,Wei J,et al. Mechanical and damage evolution properties of sandstone under triaxial compression[J]. International Journal of Mining Science and Technology, 2016, 26(4):601-607.

[3] Ren G M,Wu H,Fang Q,et al. Triaxial compressive behavior of UHPCC and applications in the projectile impact analyses[J]. Construction and Building Materials,2016,113:1-14.

[4] Zhang J,Yang J,Kim Y R. Characterization of mechanical behavior of asphalt mixtures under partial triaxial compression test[J]. Construction and Building Materials,2015,79:136-144.

[5] Chemenda A I. Three-dimensional numerical modeling of hydrostatic tests of porous rocks in a triaxial cell[J]. International Journal of Rock Mechanics and Mining Sciences, 2015, 76:33-43.

[6] Wang S Y,Sloan S W,Sheng D C,et al. Numerical study of failure behaviour of pre-cracked rock specimens under conventional triaxial compression[J]. International Journal of Solids and Structures,2014,51(5):1132-1148.

[7] Piotrowska E,Malecot Y,Ke Y. Experimental investigation of the effect of coarse aggregate shape and composition on concrete triaxial behavior[J]. Mechanics of Materials, 2014, 79:45-57.

[8] Jian C L,Ozbakkaloglu T. Stress-strain model for normal- and light-weight concretes under uniaxial and triaxial compression[J]. Construction and Building Materials,2014,71:492-509.

[9] Okubo S,Fukui K,Hashiba K. Development of a transparent triaxial cell and observation of rock deformation in compression and creep tests[J]. International Journal of Rock Mechanics and Mining Sciences,2008,45(3):351-361.

[10] 刘东燕,朱可善. 在三轴试验中测定岩块泊松比的一种新方法[C]//重庆岩石力学与工程学会学术讨论会,重庆,1992.

[11] Arora S,Mishra B. Investigation of the failure mode of shale rocks in biaxial and triaxial compression tests[J]. International Journal of Rock Mechanics and Mining Sciences,2015, 79:109-123.

[12] Arzúa J,Alejano L R,Walton G. Strength and dilation of jointed granite specimens in servo-controlled triaxial tests[J]. International Journal of Rock Mechanics and Mining Sciences,

2014,69(3):93-104.

[13] Higo Y, Oka F, Sato T, et al. Investigation of localized deformation in partially saturated sand under triaxial compression using microfocus X-ray CT with digital image correlation [J]. Soils and Foundations, 2013, 53(2):181-198.

[14] Tkalich D, Fourmeau M, Kane A, et al. Experimental and numerical study of Kuru granite under confined compression and indentation[J]. International Journal of Rock Mechanics and Mining Sciences, 2016, 87:55-68.

[15] Shin H, Kim J. A refinement of the yield surface of a pressure-dependent and elastic-perfectly plastic constitutive model for a particulate compact by considering specimen barreling in triaxial testing[J]. Powder Technology, 2016, 301:1275-1283.

[16] Öztekin E, Pul S, Hüsem M. Experimental determination of Drucker-Prager yield criterion parameters for normal and high strength concretes under triaxial compression[J]. Construction & Building Materials, 2016, 112:725-732.

[17] Shin H, Kim J B, Kim S J, et al. A simulation-based determination of cap parameters of the modified Drucker-Prager cap model by considering specimen barreling during conventional triaxial testing[J]. Computational Materials Science, 2015, 100:31-38.

[18] Yurtdas I, Burlion N, Skoczylas F. Triaxial mechanical behaviour of mortar: Effects of drying[J]. Cement and Concrete Research, 2004, 34(7):1131-1143.

[19] Singh M, Raj A, Singh B. Modified Mohr-Coulomb criterion for non-linear triaxial and polyaxial strength of intact rocks[J]. International Journal of Rock Mechanics and Mining Sciences, 2011, 48(4):546-555.

[20] Barton N. The shear strength of rock and rock joints[J]. International Journal of Rock Mechanics & Mining Sciences & Geomechanics Abstracts, 1976, 13(9):255-279.

[21] Chen W, Konietzky H, Tan X, et al. Pre-failure damage analysis for brittle rocks under triaxial compression[J]. Computers and Geotechnics, 2016, 74:45-55.

[22] Belheine N, Plassiard J P, Donzé F V, et al. Numerical simulation of drained triaxial test using 3D discrete element modeling[J]. Computers and Geotechnics, 2009, 36(1-2):320-331.

[23] Zhang R, Dai F, Gao M Z, et al. Fractal analysis of acoustic emission during uniaxial and triaxial loading of rock[J]. International Journal of Rock Mechanics and Mining Sciences, 2015, 79:241-249.

[24] Alkan H, Cinar Y, Pusch G. Rock salt dilatancy boundary from combined acoustic emission and triaxial compression tests[J]. International Journal of Rock Mechanics and Mining Sciences, 2007, 44(1):108-119.

[25] Kun D U, Li X B, Li D Y, et al. Failure properties of rocks in true triaxial unloading compressive test[J]. Transactions of Nonferrous Metals Society of China, 2015, 25(2):571-581.

[26] Jia P, Zhu W C. Mechanism of zonal disintegration around deep underground excavations under triaxial stress-Insight from numerical test[J]. Tunnelling and Underground Space Technology, 2015, 48(11):1-10.

[27] Kaunda R B. New artificial neural networks for true triaxial stress state analysis and demonstration of intermediate principal stress effects on intact rock strength[J]. Journal of Rock Mechanics and Geotechnical Engineering,2014,6(4):338-347.

[28] Huang D,Li Y R. Conversion of strain energy in triaxial unloading tests on marble[J]. International Journal of Rock Mechanics and Mining Sciences,2014,66(1):160-168.

[29] Brace W F,Walsh J B,Frangos W T. Permeability of granite under high pressure[J]. Journal of Geophysical Research,1968,73(6):2225-2236.

[30] Patsoules M G,Cripps J C. An investigation of the permeability of Yorkshire chalk under differing pore water and confining pressure conditions[J]. Energy Sources, 1982, 6 (4): 321-334.

[31] Gangi A F. Variation of whole and fractured porous rock permeability with confining pressure[J]. International Journal of Rock Mechanics & Mining Sciences & Geomechanics Abstracts,1978,15(5):249-257.

[32] Ghaboussi J,Dikmen S U. Effective stress analysis of seismic response and liquefaction: Case studies[J]. Journal of Geotechnical Engineering,1984,110(5):645-658.

[33] Kranzz R L,Frankel A D,Engelder T,et al. The permeability of whole and jointed Barre Granite[J]. International Journal of Rock Mechanics & Mining Sciences & Geomechanics Abstracts,1979,16(4):225-234.

[34] Jones F O. A laboratory study of the effects of confining pressure on fracture flow and storage capacity in carbonate rocks[J]. International Journal of Rock Mechanics & Mining Sciences & Geomechanics Abstracts,1975,12(4):55.

[35] Keighin C W,Sampath K. Evaluation of pore geometry of some low-permeability sandstones—Uinta basin[J]. International Journal of Rock Mechanics & Mining Sciences & Geomechanics Abstracts,1982,20(1):A8.

[36] Zoback M D,Byerlee J D. Effect of high-pressure deformation on permeability of ottawa sand[J]. AAPG Bulletin American Association of Petroleum Geologists, 1976, 6019: 1531-1542.

[37] Senseny P E,Cain P J,Callahan G D. Influence of deformation history on permeability and specific storage of mesaverde sandstone[J]. US Symposium on Rock Mechanics,1983,6(20-30):525-531.

[38] Louis C. Rock Hydraulics in Rock Mechanics[M]. New York:Springer-Verlag,1974.

[39] Gale J E. The effects of fracture type (induced versus natural) on the stress-fracture closure-fracture permeability relationships[J]. 23th US Symposium on Rock Mechanics,1982, (3):30-32.

[40] Tsang Y W,Tsang C. Channel model of flow through fractured media[J]. Water Resources Research,1987,23(3):467-479.

[41] Esaki T,Hojo H,Kimura T,et al. Shear-flow coupling test on rock joints[J]. 7th ISBM International Congress on Rock Mechanics,1991,9(VI):389-392.

[42] 耿克勤,陈凤翔,刘光廷,等. 岩体裂隙渗流水力特性的实验研究[J]. 清华大学学报(自然科学版),1996,(1):102-106.

[43] Zhang S,Cox S F,Paterson M S. The influence of room temperature deformation on porosity and permeability in calcite aggregates[J]. Journal of Geophysical Research Atmospheres, 1994,99(B8):15761-15775.

[44] Mordecai M,Morris L H. An investigation into the changes of permeability occurring in a sandstone when failed under triaxial stress conditions[C]//US Symposium on Rock Mechanics,1971,12:221-239.

[45] Peach C J,Spiers C J. Influence of crystal plastic deformation on dilatancy and permeability development in synthetic salt rock[J]. Tectonophysics,1996,256(1-4):101-128.

[46] Stormant J C,Daemen J J K. Laboratory study of gas permeability changes in rock salt during deformation[J]. International Journal of Rock Mechanics & Mining Sciences & Geomechanics Abstracts,1992,29(4):325-342.

[47] Li S P,Wu D X,Xie W H,et al. Effect of confining presure,pore pressure and specimen dimension on permeability of Yinzhuang Sandstone[J]. International Journal of Rock Mechanics and Mining Sciences,1997.

[48] 李世平,李玉寿. 岩石全应力应变过程对应的渗透率——应变方程[J]. 岩土工程学报, 1995,17(2):13-19.

[49] 韩宝平,冯启言,于礼山,等. 全应力应变过程中碳酸盐岩渗透性研究[J]. 工程地质学报, 2000,8(1):127-128.

[50] Zhang J C,Bai M,Roegiers J C,et al. Experimental determination of stress-permeability relationship[M]. Balkema:Pacific Rock Girard Liebman,2000.

[51] 李树刚,徐精彩. 软煤样渗透特性的电液伺服试验研究[J]. 岩土工程学报,2001,23(1): 68-70.

[52] 姜振泉,季梁军. 岩石全应力-应变过程渗透性试验研究[J]. 岩土工程学报,2001,23(2): 153-156.

[53] Zhu W,Montesi L G,Wong T F. Shear-enhanced compaction and permeability reduction: Triaxial extension tests on porous sandstone[J]. Mechanics of Materials,1997,25(3): 199-214.

[54] Zoback M D,Byerlee J D. The effect of microcrack dilatancy on the permeability of westerly granite[J]. Journal of Geophysical Research,1975,80(5):752-755.

[55] Gatto H G. The effect of various states of stress on the permeability of Berea sandstone [D]. College Station:Texas A&M University,1984.

[56] Zhu W,Wong T F. The transition from brittle faulting to cataclastic flow:Permeability evolution[J]. Journal of Geophysical Research Solid Earth,1997,102(B2):3027-3042.

[57] Rhett D W,Teufel L W. Stress path dependence of matrix permeability of North Sea sandstone reservoir rock[J]. US Symposium on Rock Mechanics,1992,33:345-354.

[58] Somerton W H,Söylemezoğlu I M,Dudley R C. Effect of stress on permeability of coal[J].

International Journal of Rock Mechanics & Mining Sciences & Geomechanics Abstracts, 1975,12(5-6):129-145.

[59] Wang K,Jansen D C,Shah S P,et al. Permeability study of cracked concrete[J]. Cement and Concrete Research,1997,27(3):381-393.

[60] 仵彦卿,曹广祝,丁卫华. CT 尺度砂岩渗流与应力关系试验研究[J]. 岩石力学与工程学报,2005,24(23):4203-4209.

[61] 郭芳,谭海洲,邵腊庚. 基于沥青路面早期水损害的水-荷载耦合 CT 扫描试验和力学响应分析[J]. 公路交通科技,2014,31(10):38-44.

[62] 丁梧秀,冯夏庭. 渗透环境下化学腐蚀裂隙岩石破坏过程的 CT 试验研究[J]. 岩石力学与工程学报,2008,27(9):1865-1873.

[63] 李妮. 庄 36 区低渗透油藏示踪剂适用性研究[D]. 西安:西安石油大学,2013.

[64] 杨勇,杨永明,马收,等. 低渗透岩石水力压力裂纹扩展的 CT 扫描[J]. 采矿与安全工程学报,2013,30(5):739-743.

[65] 曹广祝,仵彦卿,丁卫华,等. 单轴-三轴和渗透水压条件下砂岩应变特性的 CT 试验研究[C]//中国岩石力学与工程学会 2005 年边坡、基坑与地下工程新技术新方法研讨会,杭州,2005.

[66] 仵彦卿,曹广祝,丁卫华. 砂岩渗透参数随渗透水压力变化的 CT 试验[J]. 岩土工程学报,2005,27(7):780-785.

[67] 高桥学,竹村贵人,林为人,等. 利用显微 X 光 CT 对围压和孔隙水压条件下岩石试样的细微成像及其分析[J]. 岩石力学与工程学报,2008,27(12):2455-2462.

[68] Ikeda T,Kotani K,Maeda Y,et al. Preliminary study on application of X-ray CT scanner to measurement of void fractions in steady state two-Phase flows[J]. Journal of Nuclear Science and Technology,1983,20(1):1-12.

[69] 崔中兴. 基于 CT 实时观测的水-岩力学耦合机理研究[D]. 西安:西安理工大学,2005.

[70] Ud-Din K S,Peng M,Zubair M. Neutronics and thermal hydraulic coupling methods for the nuclear reactor core[C]//Power and Energy Engineering Conference,IEEE,Wuhan,2011:1-4.

[71] Heuze F E. High-temperature mechanical, physical and thermal properties of granitic rocks—A review[J]. International Journal of Rock Mechanics & Mining Sciences & Geomechanics Abstracts,1983,20(1):3-10.

[72] Liu S,Xu J Y. Mechanical properties of Qinling biotite granite after high temperature treatment[J]. International Journal of Rock Mechanics and Mining Sciences,2014,71:188-193.

[73] 支乐鹏,许金余,刘志群,等. 高温后花岗岩冲击破坏行为及波动特性研究[J]. 岩石力学与工程学报,2013,32(1):135-142.

[74] Inserra C,Biwa S,Chen Y. Influence of thermal damage on linear and nonlinear acoustic properties of granite[J]. International Journal of Rock Mechanics and Mining Sciences,2013,62(5):96-104.

[75] Brotóns V,Tomás R,Ivorra S,et al. Temperature influence on the physical and mechanical properties of a porous rock:San Julian's calcarenite[J]. Engineering Geology,2013,167(4): 117-127.

[76] Zhao Y,Wan Z,Feng Z,et al. Triaxial compression system for rock testing under high temperature and high pressure[J]. International Journal of Rock Mechanics and Mining Sciences,2012,52(6):132-138.

[77] 徐小丽,高峰,沈晓明,等. 高温后花岗岩力学性质及微孔隙结构特征研究[J]. 岩土力学, 2010,31(6):1752-1758.

[78] Chaki S,Takarli M,Agbodjan W P. Influence of thermal damage on physical properties of a granite rock:Porosity, permeability and ultrasonic wave evolutions[J]. Construction and Building Materials,2008,22(7):1456-1461.

[79] 许锡昌,刘泉声. 高温下花岗岩基本力学性质初步研究[J]. 岩土工程学报,2000,22(3): 332-335.

[80] Géraud Y,Mazerolle F,Raynaud S. Comparison between connected and overall porosity of thermally stressed granites[J]. Journal of Structural Geology,1992,14(14):981-990.

[81] Liu Z,Shao J. Strength behavior,creep failure and permeability change of a tight marble under triaxial compression[J]. Rock Mechanics and Rock Engineering,2017,50(3):529-541.

[82] 唐明明,王芝银,孙毅力,等. 低温条件下花岗岩力学特性试验研究[J]. 岩石力学与工程学报,2010,29(4):787-794.

[83] 黄真萍,张义,吴伟达. 遇水冷却的高温大理岩力学与波动特性分析[J]. 岩土力学,2016, 37(2):367-375.

[84] Yin T B,Shu R H,Li X B,et al. Comparison of mechanical properties in high temperature and thermal treatment granite[J]. Transactions of Nonferrous Metals Society of China, 2016,26(7):1926-1937.

[85] 王朋,陈有亮,周雪莲,等. 水中快速冷却对花岗岩高温残余力学性能的影响[J]. 水资源与水工程学报,2013,24(3):54-57.

[86] 邰保平,赵阳升. 600℃内高温状态花岗岩遇水冷却后力学特性试验研究[J]. 岩石力学与工程学报,2010,29(5):892-898.

[87] Takarli M,Prince W,Siddique R. Damage in granite under heating/cooling cycles and water freeze-thaw condition[J]. International Journal of Rock Mechanics and Mining Sciences, 2008,45(7):1164-1175.

[88] Zhang W,Sun Q,Hao S,et al. Experimental study on the variation of physical and mechanical properties of rock after high temperature treatment[J]. Applied Thermal Engineering, 2016,98:1297-1304.

[89] Tian H,Kempka T,Yu S,et al. Mechanical properties of sandstones exposed to high temperature[J]. Rock Mechanics & Rock Engineering,2016,49(1):321-327.

[90] 徐小丽,高峰,张志镇. 高温作用后花岗岩三轴压缩试验研究[J]. 岩土力学,2014,35(11): 3177-3183.

[91] Xu X L, Kang Z X, Ji M, et al. Research of microcosmic mechanism of brittle-plastic transition for granite under high temperature[J]. Procedia Earth and Planetary Science, 2009, 1(1):432-437.

[92] 徐小丽,高峰,高亚楠,等. 高温后花岗岩力学性质变化及结构效应研究[J]. 中国矿业大学学报,2008,37(3):402-406.

[93] 徐小丽. 温度载荷作用下花岗岩力学性质演化及其微观机制研究[D]. 徐州:中国矿业大学,2008.

[94] 万志军,赵阳升,董付科,等. 高温及三轴应力下花岗岩体力学特性的实验研究[J]. 岩石力学与工程学报,2008,27(1):72-77.

[95] Dwivedi R D, Goel R K, Prasad V V R, et al. Thermo-mechanical properties of Indian and other granites[J]. International Journal of Rock Mechanics and Mining Sciences, 2008, 45(3):303-315.

[96] 杜守继,刘华,职洪涛,等. 高温后花岗岩力学性能的试验研究[J]. 岩石力学与工程学报,2004,23(14):2359-2364.

[97] 蔡燕燕,罗承浩,俞缙,等. 热损伤花岗岩三轴卸围压力学特性试验研究[J]. 岩土工程学报,2015,37(7):1173-1180.

[98] Shao S, Wasantha P L P, Ranjith P G, et al. Effect of cooling rate on the mechanical behavior of heated Strathbogie granite with different grain sizes[J]. International Journal of Rock Mechanics and Mining Sciences, 2014, 70(9):381-387.

[99] Vázquez P, Shushakova V, Gómez-Heras M. Influence of mineralogy on granite decay induced by temperature increase:Experimental observations and stress simulation[J]. Engineering Geology, 2015, 189:58-67.

[100] 刘泉声,刘学伟. 多场耦合作用下岩体裂隙扩展演化关键问题研究[J]. 岩土力学,2014,(2):305-320.

[101] 刘泉声,许锡昌. 温度作用下脆性岩石的损伤分析[J]. 岩石力学与工程学报,2000,19(4):408-411.

[102] Szczepanik Z, Milne D, Kostakis K, et al. Long term laboratory strength tests in hard rock[J]. ISRM Congress, 2003, (1):1179-1184.

[103] 张静华,王靖涛,赵爱国. 高温下花岗岩断裂特性的研究[J]. 岩土力学,1987,(4):13-18.

[104] 周宏伟,左建平,王驹,等. 温度-应力作用下北山花岗岩的细观破坏实验研究[C]//废物地下处置学术研讨会,敦煌,2008.

[105] 付文生,李长春,袁建新. 温度对岩石损伤影响的研究[J]. 华中科技大学学报(自然科学版),1993,(3):109-113.

[106] 李鹏举,冯光明,李守彦,等. 温度影响下大理岩脆塑性转换的机理分析[J]. 煤炭科学技术,2010,38(9):23-25.

[107] 左建平,周宏伟,谢和平,等. 温度和应力耦合作用下砂岩破坏的细观试验研究[J]. 岩土力学,2008,29(6):1477-1482.

[108] 左建平,谢和平,周宏伟.温度压力耦合作用下的岩石屈服破坏研究[J].岩石力学与工程学报,2005,24(16):2917-2921.

[109] 张渊,张贤,赵阳升.砂岩的热破裂过程[J].地球物理学报,2005,48(3):656-659.

[110] 徐小丽,高峰,季明.温度作用下花岗岩断裂行为损伤力学分析[J].武汉理工大学学报,2010,(1):143-147.

[111] Wong T F. Effects of temperature and pressure on failure and post-failure behavior of westerly granite[J]. Mechanics of Materials,1982,1(1):3-17.

[112] 刘泉声,许锡昌,山口勉,等.三峡花岗岩与温度及时间相关的力学性质试验研究[J].岩石力学与工程学报,2001,20(5):715-719.

[113] 刘泉声,许锡昌.温度作用下脆性岩石的损伤分析[J].岩石力学与工程学报,2000,19(4):408-411.

[114] 邵保平,赵阳升,万志军,等.热力耦合作用下花岗岩流变模型的本构关系研究[J].岩石力学与工程学报,2009,28(5):956-967.

[115] 张慧梅,雷利娜,杨更社.温度与荷载作用下岩石损伤模型[J].岩石力学与工程学报,2014,33(s2):3391-3396.

[116] 陈剑文,杨春和,高小平,等.盐岩温度与应力耦合损伤研究[J].岩石力学与工程学报,2005,24(11):1986-1991.

[117] 唐世斌,唐春安,李连崇,等.脆性材料热-力耦合模型及热破裂数值分析方法[J].计算力学学报,2009,26(2):172-179.

[118] 李力,林睦曾,刘康敏,等.岩石受热后的强度、变形破坏特性的微观研究[J].岩石力学,1990,(4):51-61.

[119] 张晶瑶,金校元.加热温度变化对岩石强度的影响[J].金属矿山,1996,(12):6-8.

[120] 许锡昌,刘泉声.高温下花岗岩基本力学性质初步研究[J].岩土工程学报,2000,22(3):332-335.

[121] Wang J,Huang M. Effect of high temperature on the fracture toughness of granite[J]. Chinese Journal of Geotechnical Engineering,1989,11(6):113-119.

[122] 张宗贤,喻勇,赵清.岩石断裂韧度的温度效应[J].中国有色金属学报,1994,(2):7-11.

[123] 黄炳香,邓广哲,王广地.温度影响下北山花岗岩蠕变断裂特性研究[C]//全球华人中青年学者岩土力学与工程学术论坛,武汉,2003.

[124] 李纪汉,刘晓红,郝晋昇.温度对岩石的弹性波速和声发射的影响[J].地震学报,1986,(3):67-74.

[125] 王子潮,王威.高温高压岩石三轴蠕变实验系统[J].力学与实践,1988,10(6):60.

[126] 赵阳升,万志军,张渊,等.20 MN伺服控制高温高压岩体三轴试验机的研制[J].岩石力学与工程学报,2008,27(1):1-8.

[127] 陈颙,吴晓东,张福勤.岩石热开裂的实验研究[J].科学通报,1999,44(8):880-883.

[128] Noorishad J,Tsang C F,Witherspoon P A. Coupled thermal-hydraulic-mechanical phenomena in saturated fractured porous rocks:Numerical approach[J]. Journal of Geophysical Research Solid Earth,1984,89(B12):10365-10373.

[129] Ohnishi Y,Shibata H,Kobayashi A. 50-development of finite element code for the analysis of coupled thermo-hydro-mechanical behaviors of a saturated-unsaturated medium[J]. Coupled Processes Associated with Nuclear Waste Repositories,1987,37:679-697.

[130] Jing L,Tsang C F,Stephansson O. DECOVALEX—An international cooperative research project on mathematical models of coupled THM processes for safety analysis of radioactive waste repositories[J]. International Journal of Rock Mechanics & Mining Science & Geomechanics Abstracts,1995,32(5):389-398.

[131] Rutqvist J,Borgesson L,Chijimatsu M,et al. Thermohydromechanics of partially saturated geological media:Governing equations and formulation of four finite element models[J]. International Journal of Rock Mechanics and Mining Sciences,2001,38(1):105-127.

[132] Hudson J A,Stephansson O,Andersson J,et al. Coupled T-H-M issues relating to radioactive waste repository design and performance[J]. International Journal of Rock Mechanics and Mining Sciences,2001,38(1):143-161.

[133] Hudson J A,Stephansson O,Andersson J,et al. Guidance on numerical modelling of thermo-hydro-mechanical coupled processes for performance assessment of radioactive waste repositories[J]. International Journal of Rock Mechanics and Mining Sciences,2005,42(5):850-870.

[134] Millard A,Durin M,Stietel A,et al. Discrete and continuum approaches to simulate the thermo-hydro-mechanical couplings in a large,fractured rock mass[J]. International Journal of Rock Mechanics & Mining Sciences & Geomechanics Abstracts,1995,32(5):409-434.

[135] Nguyen T S,Selvadurai A P. Coupled thermal-mechanical-hydrological behaviour of sparsely fractured rock:Implications for nuclear fuel waste disposal[J]. International Journal of Rock Mechanics & Mining Sciences & Geomechanics Abstracts,1995,32(5):465-479.

[136] Gatmiri B,Delage P. A formulation of fully coupled thermal-hydro-mechanical behavior of saturated porous media-numerical approach[J]. International Journal for Numerical and Analytical Methods in Geomechanics,1997,21(3):199-225.

[137] Bower K M,Zyvoloski G. A numerical model of hydro-thermo-mechanical coupling in a fractured rock mass[J]. International Journal of Rock Mechanic and Mining Sciences,1997,34(8):1201-1211.

[138] Neaupane K M,Yamabe T,Yoshinaka R. Simulation of a fully coupled thermo-hydro-mechanical system in freezing and thawing rock[J]. International Journal of Rock Mechanics and Mining Sciences,1999,36(5):563-580.

[139] 井兰如,冯夏庭. 放射性废物地质处置中主要岩石力学问题[J]. 岩石力学与工程学报,2006,25(4):833-841.

[140] 周创兵,陈益峰,姜清辉,等. 论岩体多场广义耦合及其工程应用[C]//全国岩石力学与工程学术大会,威海,2008:1329-1340.

[141] 程远方,王京印,赵益忠,等. 多场耦合作用下泥页岩地层强度分析[J]. 岩石力学与工程学报,2006,25(9):1912-1916.

[142] 刘泉声,张程远,刘小燕. DECOVALEX_IVTASK_D 项目的热-水-力耦合过程的数值模拟[J]. 岩石力学与工程学报,2006,25(4):709-720.

[143] 何满潮,周莉,李德建,等. 深井泥岩吸水特性试验研究[J]. 岩石力学与工程学报,2008,27(6):1113-1120.

[144] He M C,Zhao J. First-principles study of atomic and electronic structures of kaolinite in soft rock[J]. Chinese Physics B,2012,21(3):530-533.

[145] He M C,Zhao J. Adsorption,diffusion,and dissociation of H_2O on kaolinite(001):A density functional study[J]. Chinese Physics Letters,2012,29(3):36801-36803.

[146] He M C,Zhao J. Effects of Mg,Ca and Fe(II) Doping on the kaolinite(001)surface with H_2O adsorption[J]. Clays & Clay Minerals,2012,60(3):330-337.

[147] He M C,Zhao J,Fang Z J,et al. First-principles study of isomorphic ('dual-defect') substitution in kaolinite[J]. Clays & Clay Minerals,2011,59(5):501-506.

[148] He M C,Fang Z J,Zhang P. Theoretical studies on the extrinsic defects of montmorillonte in soft rock[J]. Modern Physics Letters B,2009,23(25):2933-2941.

[149] He M C,Fang Z J,Zhang P. Atomic and electronic structures of montmorillonite in soft rock[J]. Chinese Physics B,2009,18(7):2933-2937.

[150] He M C,Fang Z J,Zhang P. Theoretical studies on defects of kaolinite in clays[J]. Chinese Physics Letters,2009,26(5):262-265.

[151] He M C,Wang C G,Feng J L,et al. Experimental investigations on gas desorption and transport in stressed coal under isothermal conditions[J]. International Journal of Coal Geology,2010,83(4):377-386.

[152] 何满潮,王春光,李德建,等. 单轴应力-温度作用下煤中吸附瓦斯解吸特征[J]. 岩石力学与工程学报,2010,29(5):865-872.

[153] 冯夏庭,赖户政宏. 化学环境侵蚀下的岩石破裂特性——第一部分:试验研究[J]. 岩石力学与工程学报,2000,19(4):403-407.

[154] Feng X T,Li S J,Chen S L. Effect of water chemical corrosion on strength and cracking characteristics of rocks—A review [J]. Key Engineering Materials, 2004, 261-263: 1355-1360.

[155] Feng X T,Sili C,Li S. Study on nonlinear damage localization process of rocks under water chemical corrosion[C]//The 10th Congress of the ISRM Technology Roadmap for Rock Mechanics,Sandton,2003.

[156] 冯夏庭,王川婴,陈四利. 受环境侵蚀的岩石细观破裂过程试验与实时观测[J]. 岩石力学与工程学报,2002,21(7):935-939.

[157] Feng X T,Chen S,Li S. Effects of water chemistry on microcracking and compressive strength of granite[J]. International Journal of Rock Mechanics and Mining Sciences, 2001,38(4):557-568.

[158] 王泳嘉,冯夏庭.化学环境侵蚀下的岩石破裂特性——第二部分:时间分形分析[J].岩石力学与工程学报,2000,19(5):551-556.

[159] 陈四利,冯夏庭,周辉.化学腐蚀下砂岩三轴细观损伤机理及损伤变量分析[J].岩土力学,2004,25(9):1363-1367.

[160] 丁梧秀,冯夏庭.灰岩细观结构的化学损伤效应及化学损伤定量化研究方法探讨[J].岩石力学与工程学报,2005,24(8):1283-1288.

[161] 冯夏庭,丁梧秀.应力-水流-化学耦合下岩石破裂全过程的细观力学试验[J].岩石力学与工程学报,2005,24(9):1465-1473.

[162] 王建秀,朱合华,唐益群,等.石灰岩损伤演化的化学热力学及动力学模型[J].同济大学学报(自然科学版),2004,32(9):1126-1130.

[163] 王建秀,朱合华,唐益群,等.石灰岩损伤演化的断裂力学模型及耦合方程[J].同济大学学报(自然科学版),2004,32(10):1320-1324.

[164] 周翠英,彭泽英,尚伟,等.论岩土工程中水-岩相互作用研究的焦点问题——特殊软岩的力学变异性[J].岩土力学,2002,23(1):124-128.

[165] 汤连生,张鹏程,王思敬.水-岩化学作用之岩石断裂力学效应的试验研究[J].岩石力学与工程学报,2002,21(6):822-827.

[166] 汤连生,张鹏程,王思敬.水-岩化学作用的岩石宏观力学效应的试验研究[J].岩石力学与工程学报,2002,21(4):526-531.

[167] 汤连生,王思敬.岩石水化学损伤的机理及量化方法探讨[J].岩石力学与工程学报,2002,21(3):314-319.

[168] 汤连生,王思敬.水—岩化学作用对岩体变形破坏力学效应研究进展[J].地球科学进展,1999,14(5):433-439.

[169] 汤连生,王思敬.工程地质地球化学的发展前景及研究内容和思维方法[J].大自然探索,1999,(2):34-38.

[170] 汤连生,张鹏程,王洋,等.水溶液对砼土剪切强度力学效应的实验研究[J].中山大学学报(自然科学版),2002,41(2):89-92.

[171] 谭卓英,刘文静,闭历平,等.岩石强度损伤及其环境效应实验模拟研究[J].中国矿业,2001,10(4):50-53.

[172] Li N, Zhu Y, Su B,et al. A chemical damage model of sandstone in acid solution[J]. International Journal of Rock Mechanics & Mining Sciences,2003,40(2):243-249.

[173] 李宁,朱运明,张平,等.酸性环境中钙质胶结砂岩的化学损伤模型[J].岩土工程学报,2003,25(4):395-399.

[174] 霍润科,李宁,刘汉东.均质砂岩酸腐蚀的力学性质分析[J].西北农林科技大学学报(自然科学版),2005,33(8):149-152.

[175] 阿里木·吐尔逊.坝基老化岩-水-化学作用数值模拟研究[D].南京:河海大学,2005.

[176] 乔丽苹.砂岩弹塑性及蠕变特性的水物理化学作用效应试验与本构研究[D].武汉:中国科学院研究生院(武汉岩土力学研究所),2008.

[177] 姚华彦. 化学溶液及其水压作用下灰岩破裂过程宏细观力学试验与理论分析[D]. 武汉：中国科学院研究生院(武汉岩土力学研究所)，2008.

[178] 崔强. 化学溶液流动-应力耦合作用下砂岩的孔隙结构演化与蠕变特征研究[D]. 沈阳：东北大学，2009.

[179] Moore D E, Lockner D A, Byerlee J D. Reduction of permeability in granite at elevated temperatures[J]. Science, 1994, 265(5178): 1558-1561.

[180] Lin W, Roberts J, Glassley W, et al. Fracture and matrix permeability at elevated temperatures[C]//Workshop on Significant Issues and Available Data. Near-Field/Altered-Zone Coupled Effects Expert Elicitation Project, San Francisco, 1997.

[181] Durham W B, Bourcier W L, Burton E A. Direct observation of reactive flow in a single fracture[J]. Water Resources Research, 2001, 37(1): 1-12.

[182] Yasuhara H, Elsworth D, Polak A. A mechanistic model for compaction of granular aggregates moderated by pressure solution[J]. Journal of Geophysical Research Solid Earth, 2003, 108(B11): 34-37.

[183] Bäckblom G, Christiansson R, Lagerstedt L. Choice of rock excavation methods for the Swedish deep repository for spent nuclear fuel[M]. Swedish: Swedish Nuclear Fuel and Waste Management Company, 2004.

[184] Bäckblom G, Martin C D. Recent experiments in hard rocks to study the excavation response: Implications for the performance of a nuclear waste geological repository[J]. Tunnelling and Underground Space Technology, 1999, 14(3): 377-394.

[185] Kuzyk G W, Martino J B, Tr N. URL Excavation Design, Construction and Performance [J]. 2008.

[186] Zhao J. Tunnelling in rocks—Present technology and future challenges[C]//World Tunnel Congress 2007, Prague, 2007.

[187] 莫斯克文 B M. 混凝土和钢筋混凝土的腐蚀及其防护方法[M]. 倪继森译. 北京：化学工业出版社，1988.

[188] 张苑竹. 混凝土结构耐久性检测、评定及优化设计方法[D]. 杭州：浙江大学，2003.

[189] 宋绍文. 混凝土裂缝与钢筋锈蚀[J]. 工业建筑，1982, 12(11): 15-21.

[190] 龚洛书, 柳春圃. 混凝土的耐久性及其防护修补[M]. 北京：中国建筑工业出版社，1990.

[191] Papadakis V G, Vayenas C G, Fardis M N. Fundamental modeling and experimental investigation of concrete carbonation[J]. ACI Materials Journal, 1991, 88(4): 363-373.

[192] Houst Y F, Wittmann F H. Influence of porosity and water content on the diffusivity of CO_2 and O_2 through hydrated cement paste[J]. Cement and Concrete Research, 1994, 24(6): 1165-1176.

[193] 叶铭勋. 混凝土碳化反应的热力学计算[J]. 硅酸盐通报，1989, (2): 15-19.

[194] 蒋利学, 张誉, 刘亚芹, 等. 混凝土碳化深度的计算与试验研究[J]. 混凝土，1996, (4): 12-17.

[195] 张海燕, 李光宇, 袁武琴. 混凝土碳化试验研究[J]. 中国农村水利水电，2006, (8): 78-81.

[196] 杨建森,王培铭.盐碱溶液对混凝土碳化性能的影响[J].同济大学学报(自然科学版),2007,35(3):385-389.

[197] 阿茹罕,阎培渝.不同粉煤灰掺量混凝土的碳化特性[J].硅酸盐学报,2011,39(1):7-12.

[198] 吴用贤.预应力混凝土构件碳化及氯离子侵蚀试验[D].上海:同济大学,2009.

[199] 田浩,李国平,刘杰,等.受力状态下混凝土试件碳化试验研究[J].同济大学学报(自然科学版),2010,38(2):200-204.

[200] 延永东.氯离子在损伤及开裂混凝土内的输运机理及作用效应[D].杭州:浙江大学,2011.

[201] Rasheeduzzafar,Gahtani A S,Dakhil F H. Corrosion of reinforcement in concrete structures in the Middle East[J]. Concrete International:Design and Construction,1985,9:48-55.

[202] Escalante E. Corrosion testing in soil[C]//Compiled and Distributed by the NTIS,U.S. Department of Commerce. Pub. in Handbook,1987,2(13):208-211.

[203] 刘西拉,李田.工程结构可靠性鉴定标准的展望[J].建筑结构,1994,(5):3-6.

[204] 金伟良,夏晋.坑蚀对钢筋混凝土梁抗弯承载力的影响[J].建筑结构,2009,(4):100-102.

[205] 赵铁军,毕忠华,张鹏,等.氯盐环境下混凝土中钢筋锈蚀的梯形电极监测[J].建筑材料学报,2014,17(6):989-993.

[206] Brown P W,Doerr A. Chemical changes in concrete due to the ingress of aggressive species[J]. Cement and Concrete Research,2000,30(3):411-418.

[207] Najimi M,Sobhani J,Pourkhorshidi A R,et al. Durability of copper slag contained concrete exposed to sulfate attack[J]. Construction and Building Materials,2011,25(4):1895-1905.

[208] 梁咏宁,袁迎曙.硫酸钠和硫酸镁溶液中混凝土腐蚀破坏的机理[J].硅酸盐学报,2007,35(4):504-508.

[209] 刘俊,牛荻涛,宋华.掺合料对混凝土抗硫酸盐侵蚀性能的影响[J].混凝土,2014,(3):79-83.

[210] 蒋敏强.海水侵蚀下砼材料的微结构演化及宏观力学性能的研究[D].扬州:扬州大学,2005.

[211] 王鹰,魏有仪,罗健.隧道围岩中黄铁矿的氧化对隧道混凝土衬砌耐久性的影响研究[J].矿物岩石,2004,24(1):39-42.

[212] 谢绍东,周定.混凝土,砂浆和灰砂砖在模拟酸雨条件下的化学行为[J].重庆环境科学,1996,(4):33-38.

[213] 刘惠玲,周定,谢绍东.我国西南地区酸雨对混凝土性能影响的研究[J].哈尔滨工业大学学报,1997,(6):101-104.

[214] 胡晓波.酸雨侵蚀混凝土的试验模拟分析[J].硅酸盐学报,2008,(s1):147-152.

[215] 郭院成,赵卓,霍达.酸性介质环境下结构受弯构件的腐蚀试验[J].工业建筑,2001,31(5):1-2.

[216] 张小伟,韩静云,邰志海,等.两种酸对混凝土腐蚀的对比试验研究[J].混凝土与水泥制品,2003,(5):8-12.

[217] 蔡光汀. 钢筋混凝土腐蚀机理和防腐措施探讨[J]. 混凝土,1992,(1):18-24.

[218] 洪乃丰. 混凝土中钢筋腐蚀与结构物的耐久性[J]. 公路,2001,(2):66-69.

[219] 洪乃丰,王伯琴. 钢筋锈蚀破坏和修补技术[J]. 工业建筑,1996,26(4):3-7.

[220] 洪乃丰. 混凝土中钢筋腐蚀与防护技术(2)——混凝土对钢筋的保护及钢筋腐蚀的电化学性质[J]. 工业建筑,1999,29(9):58-61.

[221] 洪乃丰,栗书贤. 钢筋锈蚀电化学综合评定法及钢筋锈蚀评定仪[J]. 建筑技术,1995,(10):614-616.

[222] 洪乃丰. 海砂的利用与钢筋锈蚀的防护[J]. 建筑技术,1996,(1):46-49.

[223] 洪乃丰. 混凝土中钢筋腐蚀与防护技术(6)——钢筋阻锈剂和阴极保护[J]. 工业建筑,2000,30(1):57-60.

[224] 洪乃丰. 混凝土中钢筋腐蚀与阻锈剂[J]. 混凝土,2001,(6):25-28.

[225] 牛荻涛,王庆霖,王林科. 锈蚀开裂前混凝土中钢筋锈蚀量的预测模型[J]. 工业建筑,1996,26(4):8-10.

[226] 牛荻涛,李峰. 一般室内环境混凝土锈蚀开裂前钢筋锈蚀量的估计[J]. 西安建筑科技大学学报(自然科学版),1996,(2):124-128.

[227] 金伟良,鄢飞. 考虑混凝土碳化规律的钢筋锈蚀率预测模型[J]. 浙江大学学报(工学版),2000,34(2):158-163.

[228] 王林科,周军,马永欣. 一般大气环境中钢筋的锈蚀机理与体积膨胀系数[J]. 西安建筑科技大学学报(自然科学版),1997,(4):443-446.

[229] 惠云玲. 混凝土结构中钢筋锈蚀程度评估和预测试验研究[J]. 工业建筑,1997,27(6):6-9.

[230] 惠云玲,林志伸. 锈蚀钢筋性能试验研究分析[J]. 工业建筑,1997,27(6):10-13.

[231] 惠云玲,郭固. 混凝土结构耐久性外观损伤类型、调查方法及原因分析[J]. 工业建筑,1998,28(5):96-98.

[232] 淡丹辉,何广汉. 钢筋混凝土构件均匀锈蚀与应力的耦合效应分析[J]. 西南交通大学学报,2001,36(2):181-184.

[233] Gjorv O E,Vennesland O,El-Busaidy A H S. Diffusion of dissolved oxygen through concrete[J]. Materials Performance,1987,25.

[234] Page C L,Lambert P. Kinetics of oxygen diffusion in hardened cement pastes[J]. Journal of Materials Science,1987,22(3):942-946.

[235] Gonzalez J A,Molina A,Otero E,et al. On the mechanism of steel corrosion in concrete:the role of oxygen diffusion[J]. Magazine of Concrete Research,1990,42(150):23-27.

[236] Cao H T,Sirivivatnanon V. Corrosion of steel in concrete with and without silica fume[J]. Cement & Concrete Research,1991,21(2-3):316-324.

[237] 李金玉,曹建国,徐文雨,等. 混凝土冻融破坏机理的研究[J]. 水利学报,1999,30(1):41-49.

[238] Powers T C. A working hypothesis for further studies of frost resistance of concrete[J]. Journal of the American Concrete Institute,1945,16(4):245-271.

[239] Powers T C,Helmuth R A. Theory of volume changes in hardened portland cement paste during freezing[J]. Highway Research Board Proceedings,1953,32.

[240] Chatterji S. Aspects of the freezing process in a porous material-water system[J]. Cement and Concrete Research,1999,29(4):627-630.

[241] 杨钱荣,黄士元. 引气混凝土的特性研究[J]. 混凝土,2008,(5):3-7.

[242] 谭克锋. 水灰比和掺合料对混凝土抗冻性能的影响[J]. 武汉理工大学学报,2006,28(3): 58-60.

[243] 姜雪洁,王书祥. 纤维混凝土抗冻融性能试验及机理分析[J]. 建筑技术,2006,37(2): 135-136.

[244] 陈爱玖,王静,章青. 再生粗骨料混凝土抗冻耐久性试验研究[J]. 新型建筑材料,2008, 35(12):1-5.

[245] Stanton T E. Influence of cement and aggregate on concrete expansion[J]. Engineering News-Record,1940.

[246] Swenson E G. A Reactive aggregate undetected by ASTM tests[J]. Astm Bulletin,1957.

[247] Duncan M A,Swenson E G,Gillott J E,et al. Alkali-aggregate reaction in Nova Scotia I. Summary of a five-year study[J]. Cement & Concrete Research,1973,3(1):55-69.

[248] 莫祥银,卢都友,许仲梓. 化学外加剂抑制碱硅酸反应原理及进展[J]. 南京工业大学学报 (自然科学版),2000,22(3):72-77.

[249] 文梓芸. 碱-硅酸集料反应的化学原理[J]. 硅酸盐学报,1994,(6):596-603.

[250] 杨长辉,蒲心诚,吴芳. 碱矿渣水泥砂浆的碱集料反应膨胀研究[J]. 硅酸盐学报,1999, 27(6):651-657.

[251] 王玉江. 集料碱析出及其对碱-集料反应的影响[D]. 南京:南京工业大学,2006.

[252] 宗永红,甘立军,汪永治. 掺合料对混凝土碱骨料反应抑制效果的研究[J]. 新疆大学学报 (自然科学版),2002,(s1):78-81.

第2章 含层理砂岩力学、波速和热学特性研究

2.1 引　　言

在许多地下岩体工程中,如核废料深地质处置、CO_2 地质封存、地热资源开采、深部采矿以及深部钻井等,经常遇到热学、力学、渗流以及化学等多物理场的耦合作用。准确描述这些耦合过程首先需要了解每个物理场的单独作用,还需要了解这些物理场之间的耦合作用[1~4]。大量研究[5~9]表明,孔隙度、孔隙流体和损伤对岩石的弹性模量、强度、导热系数等有很大影响。岩石的物理与力学性质之间也存在相互影响作用,一些学者[10,11]提出了适用于不同种类岩石的理论和经验关系式。很多学者的研究[12~15]表明,岩石材料通常表现出明显的各向异性特征,这是因为层理/节理面、断层或者应力诱发的其他缺陷存在,常常使岩石在不同的方向表现出不同的力学性质。

一些研究[16,17]表明,岩石材料的热膨胀性质表现出各向异性的特征。实际上,岩石材料的热膨胀系数较小,它能产生的影响也较小。然而,岩石材料的热膨胀系数通常随着成岩矿物成分的不同而发生变化,这些变化可能对岩体的结构产生很大影响。Somerton[18]的研究表明,沉积岩中层理面的存在所造成的热膨胀性质的各向异性会导致岩石在加热的条件下发生结构损伤。

本章主要研究含层理砂岩各向异性的力学性质、热膨胀性质和纵波波速。根据试验结果,验证了岩石各向异性力学性质与纵波速度之间的关系,层理面以及岩石基质和层理之间矿物成分的不同使得岩石表现出宏观各向异性特性。

2.2 试　样　准　备

为了分析沉积层面对岩石力学性质、热膨胀性质以及纵波速度的影响,采用我国山东省济宁三号煤矿的砂岩,埋深大约 855m,选取完整性较好的岩块,观察发现其中存在一些平行沉积层,通过钻石机钻取直径 50mm 的圆柱形岩样,钻取过程中分别使岩样的轴向与沉积层面平行、垂直,然后在锯石机上锯成高度为 100mm 的岩样,再通过磨石机磨平岩样的两个端面,形成 $\phi 50 \times 100mm$ 的标准圆柱形试件。每个试件的加工精度(平行度、平直度和垂直度)均控制在《水利水电工程岩石试验规程》(SL 264—2001)规定范围之内。试样轴向与沉积层面的角度分别为

90°和 0°,如图 2.1 所示。为了简便,将这两种类型的岩样分别表示为图 2.1(a)和 (b)所示的水平(PER)和竖向(PAR)。

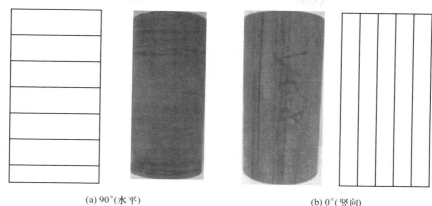

(a) 90°(水平)　　　　　　　　　　　　(b) 0°(竖向)

图 2.1　两种不同层理方向的岩石试样

使用 X 射线衍射对岩样基质以及夹层的矿物成分进行鉴定,并分析基质与夹层矿物成分的差别。分别从岩样基质(RM)与层理(BPs)中取出一部分研磨成粉末,各取 3 份进行分析,分析结果如表 2.1 所示。可以看出,所用岩样的主要矿物成分为石英、黏土矿物、钠长石、微斜长石和方解石。与层理相比,岩样基质含有更多的石英,但是黏土矿物和钠长石较少,微斜长石和方解石的含量相差不大。

表 2.1　岩样基质与层理主要矿物成分组成

编号	石英/%	钠长石/%	微斜长石/%	方解石/%	黏土矿物/%
RM-1	47.86	4.52	3.57	—	44.06
RM-2	51.09	6.53	5.51	—	36.87
RM-3	42.05	1.59	3.40	—	52.96
RM-平均值	47.00	4.21	4.16		44.63
BPs-1	28.96	19.46	0.77	0.33	50.46
BPs-2	28.93	16.66	0.89	0.26	53.26
BPs-3	25.31	22.05	1.63	1.11	49.89
BPs-平均值	27.73	19.39	1.10	0.57	51.21

2.3　试验仪器简介

本章的试验分别在 3 台仪器上进行:中国科学院武汉岩土力学研究所自主研发的岩石 THMC 耦合多功能试验系统、XPZ-300 型岩石热膨胀系数测试仪和

RSM-SY5(N)型数字式超声波仪。下面对这 3 台仪器以及试验方法进行简单介绍。

1) 岩石 THMC 耦合多功能试验系统

该试验系统由中国科学院武汉岩土力学研究所自主研发,可以进行 THMC 全耦合和局部耦合条件下的岩石三轴流变试验,还可以进行岩石三轴力学试验过程中的声波、声发射、气/液体渗透等测试分析,如图 2.2 所示。该试验系统具有以下优点。

(1) 多场耦合:应力和渗流耦合。

(2) 多功能:大尺寸单轴压缩试验、变角剪切试验、巴西劈裂试验。

(3) 高精度闭环伺服电机控制:耗能低,无噪声,适合长时间试验。

(4) 结构简单,适合试验操作。

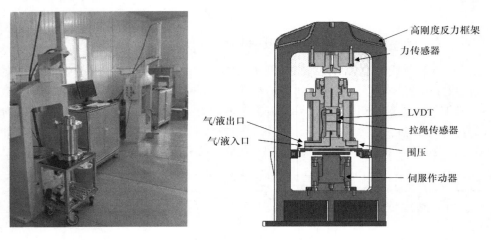

图 2.2　岩石 THMC 耦合多功能试验系统

该试验系统主要由围压室、高刚度反力框架、高精度围压伺服控制模块、高精度偏压伺服模块、高精度孔隙压力伺服控制模块、变形测量模块和油路旁路过滤模块等部分组成。主要技术参数如下:

(1) 高刚度反力框架最大输出 150t,刚度≥10GN。

(2) 围压室工作最大压力为 100MPa,工作温度最高为 150℃,围压压力控制精度<0.01MPa。

(3) 轴向压力控制方式包括流量控制、阶梯压力控制、恒压控制、线性可变差动变压器(linear variable differential transformer,LVDT)位移控制,偏压压力控制精度<0.01MPa。

(4) 围压室内轴向位移采用 2 个 LVDT 测量,量程为±5mm,分辨率为 0.2μm,最大工作压力为 100MPa,最高工作温度为 150℃。

　　（5）围压室内环向位移采用自主研制拉绳式高精度位移传感器,量程为
±2mm,分辨率为 1μm,最大工作压力为 100MPa,最高工作温度为 150℃。
　　（6）轴向压力作动器采用内置磁致位移传感器和外置式力传感器分别测量轴
向位移和轴向力,轴向位移量程为 100mm,线性精度为 0.02％;轴向力量程为
150t,线性精度 0.1％。
　　（7）采集控制系统采用高压伺服泵、压力传感器、位移传感器、工控机形成闭
环控制,精确控制压力和位移,实现设定的应力路径。采用 16 位、16 路、100ks/s
的采集卡对压力传感器、位移传感器的数据进行采集,软件可设置采集数据保存路
径和采集间隔时间。
　　2）XPZ-300 岩石膨胀系数测试仪
　　热膨胀系数的测试在自主研制的 XPZ-300 型岩石热膨胀系数测试仪上进行,
该仪器的主体部分包括一个加热炉腔和计算机控制系统,仪器的计算机系统可以
记录下岩样的热变形、热应变和热膨胀系数,测试仪器及原理如图 2.3 所示。

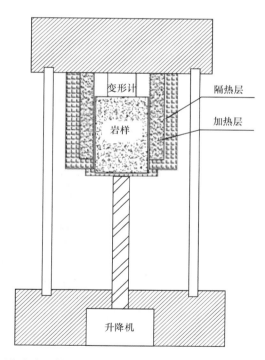

图 2.3　XPZ-300 型岩石热膨胀系数测试仪及其测试原理

　　试验开始时首先输入岩样的长度,然后设定升温的控温曲线。试验过程中通
过炉腔中的加热层对岩样均匀加热,控制精度为 0.1℃,岩样由于受热产生的轴向
变形可由仪器中的位移传感器测出并记录,岩样热膨胀系数为

$$\alpha = \frac{L - L_0}{L_0 (T - T_0)} \tag{2.1}$$

式中，T_0 为岩样加热时的初始温度，取 30℃；T 为试样加热的温度；L_0 为岩样初始加热时的长度；L 为温度为 T 时的岩样长度。

3) RSM-SY5(N)型数字式超声波仪

本次试验波速测试部分采用的是 RSM-SY5(N)型数字式超声波仪，如图 2.4 所示。该超声波仪能有效完成岩石和混凝土等非金属试样测试、野外地质声波测试、结构混凝土的强度及缺陷检测、岩体和混凝土等非金属介质力学参数测试、基桩的埋管法检测、岩体和混凝土的松动圈测试等。进行岩石类材料波速测试时使用两个超声波探头，其中一个放置在试样的一端，发射超声波，超声波在岩样内传播，然后到达放置于试样另一端的接收探头，此时仪器记录下声波在试样内部传播的时间，如图 2.5 所示。用岩样的长度除以传播时间即可得到试样的纵波速度。

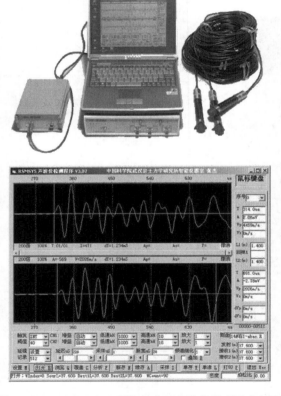

图 2.4　RSM-SY5(N)型数字式超声波仪外观及主界面

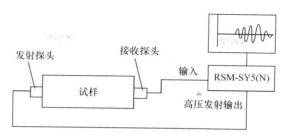

图 2.5　岩石试样波速测试示意图

2.4　砂岩的热力学试验

2.4.1　单轴压缩试验

对含有水平和竖向层理的试样进行单轴压缩试验,试验所得的应力-应变曲线如图 2.6 所示。

从含有水平层理岩样的单轴压缩试验曲线可以看出,在加载的初始阶段,应力-应变曲线存在一个非常明显的非线性段(Ⅰ)。然而,对于含有竖向层理的试样,加载初始阶段的非线性相对不明显。然后,在经历了一个线性段之后(Ⅱ),在峰值点附近(Ⅲ),图 2.6 中(a)和(b)中应力-应变曲线又表现出非线性的性质。这种非线性的非弹性应变从物理机理上归结为微裂纹的萌生和发展[19]。在两种岩样的应力-应变曲线中,体积变形经历了明显的体积压缩到体积膨胀的转化,而且含有竖向层理的试样体积压缩到膨胀的转化比含水平层理的试样发生得早。从其

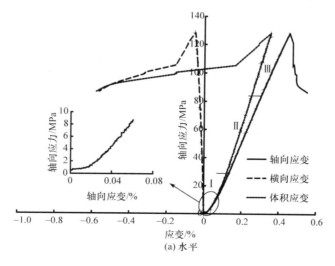

(a) 水平

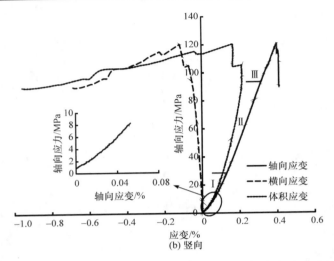

(b) 竖向

图 2.6　含有水平和竖向层理砂岩试验的单轴压缩应力-应变曲线

物理机理上讲,脆性岩石在压应力作用下微裂纹不断萌生和扩展,造成裂纹法向开度的增加,加之裂纹的优势扩展方向为侧向,从而导致体积膨胀。最后,两种岩样的应力-应变曲线都表现为峰值点突然下降,这是由于应力诱发的微裂纹贯通形成宏观裂纹,导致岩样劈裂破坏。图 2.7 给出了两种岩样单轴压缩条件下的破坏形态。从图 2.7(a)可以看出,含水平层理岩样破坏后有一条明显的竖向宏观裂纹,并且这条裂纹贯穿了整个岩样。然而,从图 2.7(b)来看,含竖向层理岩样破坏后,有多条竖向宏观裂纹,这些裂纹均与竖向层理平行。

(a) 水平层理　　　　　　　(b) 竖向层理

图 2.7　含水平层理和竖向层理岩样破裂面照片

从图 2.6 中的应力-应变曲线可计算得到两种岩样的力学参数,即单轴抗压强度 σ_{peak}、峰值应力点对应的轴向应变 $\varepsilon_{1,peak}$、弹性模量 E 以及泊松比 ν,如表 2.2 所示。含水平层理岩样的单轴抗压强度以及峰值应力点对应的轴向应变比含竖向层理岩样的大,弹性模量与泊松比正好相反。单轴抗压强度、峰值应力点对应的轴向应变、弹性模量以及泊松比的各向异性比率分别为 1.06、1.15、0.87 和 0.55。对 Tournemire 页岩[20]、CO_x 黏土岩[21,22] 以及 Yeoncheon 片岩[23] 的试验也表现出类似的结果。这些各向异性的现象归结为层理面对岩石变形以及破坏机理的影响。对于含水平层理的岩样,轴向应力引起层理面的闭合,导致一条贯穿层理面的宏观裂纹出现。然而,对于含竖向层理的岩样,轴向应力使得层理面扩展,从而造成数条沿层理面的宏观裂纹。因此,可以发现含水平层理试样的弹性模量比含竖向层理岩样的弹性模量要小。而且,裂纹沿层理面扩展比贯穿层理面扩展要容易得多,于是含水平层理岩样的单轴抗压强度比含竖向层理岩样的大。

表 2.2　含水平和竖向层理岩样的力学参数

编号	σ_{peak}/MPa	$\varepsilon_{1,peak}$	E/GPa	ν
PER-1	128.16	0.46%	31.73	0.12
PER-2	132.21	0.51%	30.25	0.15
PER-3	126.78	0.48%	29.47	0.13
PER-4	127.46	0.45%	30.16	0.13
PER-平均值	128.65	0.48%	30.40	0.13
PAR-1	120.44	0.40%	36.29	0.22
PAR-2	118.37	0.39%	35.48	0.24
PAR-3	123.35	0.42%	36.87	0.25
PAR-4	116.87	0.38%	35.36	0.24
PAR-平均值	119.76	0.40%	36.00	0.24
各向异性比(PER/PAR)	1.07	1.20	0.84	0.54

2.4.2　热膨胀系数测试试验

除力学试验之外,作者还对两种岩样进行了轴向热膨胀系数测试试验,从而分析不同层理面方向对岩石热膨胀系数的影响。从图 2.8 可以看出,在加热到 200℃之后,发生了岩样沿着层理面开裂甚至剥落的情况,在试验过程中可以清楚地听到岩样开裂时发出的清脆声响。随着温度的升高,由于岩样中矿物颗粒组分及方位不同,它们沿着不同的方向膨胀扩张。这种不均匀的膨胀将导致沿着层理面的内部裂纹扩展。即使温度降下来之后,这些内部裂纹也不会消失[17]。

为了观察受热破裂面的微观结构,对加热到 200℃后的破裂面进行扫描电子显微镜(scanning electron microscope,SEM)试验,并将其与加热前的 SEM 图像

图 2.8　加热到 200℃后岩样的开裂情况

进行对比,如图 2.9 所示。通过对比可以发现,与加热前相比,加热后的破裂面上同样有微裂纹出现。在产生宏观破裂后,仪器记录的热变形包括破裂导致的不连续变形,且变形的数值会发生突变。因此,为了能够正常测试岩样的热膨胀系数,将加热温度设定在 30~100℃。

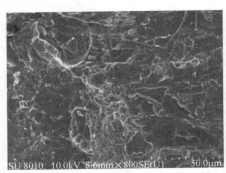

(a) 加热前

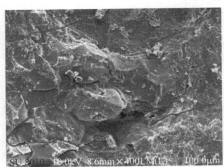

(b) 加热后

图 2.9　加热前与加热后岩样的微观结构

黑色的粗线表示微裂纹

　　表 2.3 给出了含水平和竖向层理岩样的轴向热膨胀系数的测试结果。可以看出,含水平层理岩样的轴向热膨胀系数比含竖向层理的要大,表明含层理砂岩试样的轴向热膨胀系数表现出明显的各向异性,Somerton[18]对 Berea 岩的试验测试也发现了类似的结果。

表 2.3　含水平和竖向层理岩样的轴向热膨胀系数测试结果

编号	热膨胀系数/($\times 10^{-6}$ K^{-1})	编号	热膨胀系数/($\times 10^{-6}$ K^{-1})
PER-1	15.81	PAR-1	8.86
PER-2	15.19	PAR-2	11.05
PER-3	15.49	PAR-3	14.9
PER-4	17.93	PAR-4	11.44
PER-平均值	16.105	PAR-平均值	11.56
各向异性比(PER/PAR)	1.39	各向异性比(PER/PAR)	1.39

2.4.3　纵波波速测试

此外,还对含水平和竖向层理砂岩试样进行了纵波波速的测试,测试结果列于表 2.4。

表 2.4　含水平和竖向层理岩样纵波波速测试结果

编号	纵波速度/(m/s)	编号	纵波速度/(m/s)
PER-1	4101	PAR-1	4957
PER-2	3646	PAR-2	5018
PER-3	4400	PAR-3	4881
PER-4	4093	PAR-4	5060
PER-平均值	4060	PAR-平均值	4979
各向异性比(PER/PAR)	0.82	各向异性比(PER/PAR)	0.82

从表 2.4 可以看出,含水平层理岩样的纵波波速比含竖向层理岩样小,因此波速的各向异性比(PER/PAR)为 0.82。根据其他学者的研究[24~28],岩石材料的纵波波速与密度和体积模量成正比,并且与岩石内部微裂纹密度和孔隙度成反比。本章所得的纵波波速的各向异性恰好验证了其他学者的研究结果,而且表明这种各向异性还会导致岩石基质与层理面压缩性质的不同。

2.5　试验数据分析

前面的结果表明含水平层理和竖向层理砂岩试样的力学行为、热膨胀性质以及纵波波速都表现出明显的各向异性特征,并且它们的各向异性比(PER/PAR)从 0.55 变化到 1.39。本节将对上述的各向异性特征进行讨论,并对纵波波速与岩石力学性质之间的关系进行研究。

从前述通过 X 射线衍射方法得到的砂岩试样的矿物成分及其含量可以看出，砂样基质比层理面含有更多的石英，但是黏土和钠长石的含量较少。对于含有层理的砂岩试样来说，岩石基质与层理的矿物成分及含量不同，因此可以看成含有层状结构的复合材料。

表 2.5 给出了石英、钠长石、黏土以及微斜长石的力学参数、热膨胀系数、密度和纵波波速的数值。由于缺少合适的数据，表中的纵波波速是通过式(2.2)[29]计算得出的：

$$v_p = \sqrt{\frac{M}{\rho}} \qquad (2.2)$$

式中，v_p 为矿物的纵波波速；M 为变形模量，$M = K + \frac{4}{3}G$，K 和 G 分别为矿物的体积模量和剪切模量；ρ 为矿物的密度。

表 2.5　石英、钠长石、黏土以及微斜长石的热力学参数[17,29~31]

矿物	石英	钠长石	微斜长石	黏土
弹性系数 E/GPa	101	74	69	3
泊松比	0.06	0.20	0.20	0.30
热膨胀系数/($\times 10^{-5}$ K^{-1})	4.98	2.24	1.79	1.50
密度/(g/cm³)	2.65	2.62	2.56	2.40
纵波速度/(m/s)	6197	5617	5472	1296

从表 2.5 可以明显看出，在组成含层理砂岩试样的矿物成分中，石英的纵波波速最大。通过分析组成砂岩试验的主要构成矿物以及含水平和竖向层理试样的纵波波速的各向异性关系可以得出，波速的各向异性是由试样中的层理结构造成的。

此外，确定岩石的弹性模量是比较耗时费力的，尤其是对岩土工程中的岩体来说，进行现场试验来直接获取岩体的弹性模量更加困难。相对而言，纵波波速的测试就比较简单易行，因此可以通过纵波波速来确定岩石的弹性模量。下面将采用式(2.2)，通过测试得到的纵波波速来计算含有水平和竖向层理砂岩试样的弹性模量，并将计算结果列于表 2.6。对于含有水平和竖向层理的砂岩试样，计算中所需的试样泊松比分别采用 0.13 和 0.24，也就是表 2.2 中所列出的前述单轴压缩试验所得的两种岩样泊松比的平均值。与表 2.2 试验所得的弹性模量相比，两种岩样计算所得的弹性模量都较高。从纵波波速计算得来的弹性模量是小应变状态下的切线模量，而通过单轴压缩试验得到的弹性模量是在较高的应变水平下确定的，因此较小。计算得出的弹性模量各向异性比为 0.77，与试验得到的 0.84 比较接近。通过上面的分析可以发现，纵波波速可以用来估算岩石的力学性质，但是并不能完全替代力学试验。

表 2.6　通过纵波波速计算所得的含水平和竖向层理砂岩试样的弹性模量

编号	E/GPa	编号	E/GPa
PER-1	43.27	PAR-1	55.14
PER-2	34.37	PAR-2	56.80
PER-3	50.09	PAR-3	53.52
PER-4	42.88	PAR-4	55.50
PER-平均值	42.65	PAR-平均值	55.24
各向异性比(PER/PAR)	0.77	各向异性比(PER/PAR)	0.77

　　与黏土和钠长石相比,石英的弹性模量较大,但是泊松比较小,岩石基质与层理面在力学性质上的差异与之类似。对含水平层理砂岩试样来说,所施加的单轴压缩应力垂直于层理面的方向。而对含竖向层理的砂岩试样来说,压缩应力是平行于层理面方向的。因此,含水平层理试样的弹性模量和泊松比比含竖向层理岩样小。在矿物的热膨胀性质方面,石英的体积热膨胀系数明显大于黏土矿物,就是这种差异导致在加热过程中各种矿物之间的不均匀膨胀,进而表现为砂样基质与层理面不同的热膨胀性质,甚至引起宏观以及细观裂纹的出现(图 2.7 和图 2.8)。因此,整个砂岩试样表现出前面分析所提到的各向异性特征。

2.6　本章小结

　　沉积岩层在力学性质、纵波波速以及热学性质方面均表现出明显的各向异性特征,这对很多岩体工程都有非常明显的影响。将取出的砂岩岩块按不同的方向钻取,获得两种试样,分别包含水平层理和竖向层理。对含层理面的砂岩试样进行了室内试验来研究这些各向异性特征。通过试验可以得出,所研究砂岩表现出明显的各向异性特征,其力学性质、热膨胀性质以及纵波波速的各向异性比从 0.55 变化到 1.39。与含竖向层理砂岩试样相比,含水平层理试样的弹性模量和泊松比较小。含水平层理砂岩试样的轴向热膨胀系数比含竖向层理的大,然而纵波波速的各向异性规律与之相反。从 X 射线衍射方法得到的矿物成分分析结果来看,与层理面相比,岩石基质含有更多的石英,但是黏土和钠长石的含量较少。这些矿物成分的不同导致了岩石基质与层理面不同的力学性质、热学参数以及纵波波速,并导致整个岩样表现出各向异性特征。这些结果有助于更好地揭示脆性岩石在力学性质、纵波速度以及热学参数的各向异性。

参 考 文 献

[1] Kohl T,Evansi K F,Hopkirk R J,et al. Coupled hydraulic,thermal and mechanical considerations for the simulation of hot dry rock reservoirs[J]. Geothermics,1995,24(24):345-359.

[2] Hudson J A,Stephansson O,Andersson J,et al. Guidance on numerical modelling of thermo-

hydro-mechanical coupled processes for performance assessment of radioactive reposi-tories[J]. International Journal of Rock Mechanics and Mining Sciences, 2005, 42 (5): 850-870.

[3] Poulet T, Karrech A, Regenauerlieb K, et al. Thermal-hydraulic-mechanical-chemical coupling with damage mechanics using ESCRIPT RT and ABAQUS[J]. Tectonophysics, 2012, 526-529(2):124-132.

[4] Jobmann M, Polster M. The response of Opalinus clay due to heating: A combined analysis of in situ measurements, laboratory investigations and numerical calculations[J]. Physics & Chemistry of the Earth, 2007, 32(8):929-936.

[5] Maruyama I, Sasano H, Nishioka Y, et al. Strength and Young's modulus change in concrete dueto long-term drying and heating up to 90℃[J]. Cement and Concrete Research, 2014, 66: 48-63.

[6] Zhu H, Tan Y, Chen Q, et al. The effects of gas saturation on the acoustic velocity of carbon-ate rock[J]. Journal of Natural Gas Science and Engineering, 2015, 26:149-155.

[7] Duchkov A D, Sokolova L S, Rodyakin S V, et al. Thermal conductivity of the sedimentary-cover rocks of the West Siberian Plate in relation to their humidity and porosity[J]. Russian Geology and Geophysics, 2014, 55(5-6):784-792.

[8] Nagaraju P, Roy S. Effect of water saturation on rock thermal conductivity measurements [J]. Tectonophysics, 2014, 626(1):137-143.

[9] Fortin J, Stanchits S, Vinciguerra S, et al. Influence of thermal and mechanical cracks on per-meability and elastic wave velocities in a basalt from Mt. Etna volcano subjected to elevated pressure[J]. Tectonophysics, 2011, 503(1-2):60-74.

[10] Yasar E, Erdogan Y. Correlating sound velocity with the density, compressive strength and Young's modulus of carbonate rocks[J]. International Journal of Rock Mechanics and Min-ing Sciences, 2004, 41(5):871-875.

[11] Hovis G L, Morabito J R, Spooner A, et al. A simple predictive model for the thermal ex-pansion of AlSi₃ feldspars[J]. American Mineralogist, 2015, 93(10):1568-1573.

[12] Gao Q, Tao J, Hu J, et al. Laboratory study on the mechanical behaviors of an anisotropic shale rock[J]. Journal of Rock Mechanics and Geotechnical Engineering, 2015, 7 (2): 213-219.

[13] Bourret J, Tessier-Doyen N, Guinebretiere R, et al. Anisotropy of thermal conductivity and elastic properties of extruded clay-based materials: Evolution with thermal treatment[J]. Applied Clay Science, 2015, s 116-117:150-157.

[14] Qin J, Zeng X, Ming H. Influence of fabric anisotropy on seismic responses of foundations [J]. Journal of Rock Mechanics and Geotechnical Engineering, 2015, 7(2):147-154.

[15] Wenk H R, Vasin R N, Kern H, et al. Revisiting elastic anisotropy of biotite gneiss from the Outokumpu scientific drill hole based on new texture measurements and texture-based ve-locity calculations[J]. Tectonophysics, 2012, 570-571(11):123-134.

[16] Mitoff S P, Pask J A. A recording differential expansion apparatus[J]. American Ceramic Society Bulletin, 1956, 35(10):402.

[17] Bauer J D, Haussühl E, Winkler B, et al. Elastic properties, thermal expansion, and polymorphism of acetylsalicylic acid[J]. Crystal Growth & Design, 2010, 10(7):3132-3140.

[18] Somerton. Thermal properties and temperature-related behavior of rock[J]. Journal of Volcanology & Geothermal Research, 1993, 56(1-2):171-172.

[19] Zhang K, Zhou H, Shao J. An experimental investigation and an elastoplastic constitutive model for a porous rock [J]. Rock Mechanics and Rock Engineering, 2013, 46 (6): 1499-1511.

[20] Niandou H, Shao J F, Henry J P, et al. Laboratory investigation of the mechanical behaviour of Tournemire shale[J]. International Journal of Rock Mechanics and Mining Sciences, 1997, 34(1):3-16.

[21] Chiarelli A S, Shao J F, Hoteit N. Modeling of elastoplastic damage behavior of a claystone [J]. International Journal of Plasticity, 2003, 19(1):23-45.

[22] Zhang F, Xie S Y, Hu D W, et al. Effect of water content and structural anisotropy on mechanical property of claystone[J]. Applied Clay Science, 2012, 69(21):79-86.

[23] Kim H, Cho J W, Song I, et al. Anisotropy of elastic moduli, P-wave velocities, and thermal conductivities of Asan gneiss, Boryeong shale, and Yeoncheon schist in Korea[J]. Engineering Geology, 2012, s 147-148(5):68-77.

[24] Durrast H, Siegesmund S. Correlation between rock fabrics and physical properties of carbonate reservoir rocks[J]. International Journal of Earth Sciences, 1999, 88(3):392-408.

[25] Sun Y F. Seismic signatures of rock pore structure[J]. Applied Geophysics, 2004, 1(1): 42-49.

[26] Karakul H, Ulusay R. Empirical correlations for predicting strength properties of rocks from P-wave velocity under different degrees of saturation[J]. Rock Mechanics and Rock Engineering, 2013, 46(5):981-999.

[27] Khandelwal M. Correlating P-wave velocity with the physico-mechanical properties of different rocks[J]. Pure and Applied Geophysics, 2013, 170(4):507-514.

[28] Pappalardo G. Correlation between P-wave velocity and physical-mechanical properties of intensely jointed dolostones, peloritani mounts, NE sicily[J]. Rock Mechanics and Rock Engineering, 2015, 48(4):1711-1721.

[29] Gardner G H, Gardner L W, Gregory A R, et al. Formation velocity and density—The diagnostic basics for stratigraphic traps[J]. Geophysics, 1974, 39(6):770-780.

[30] Kovaleva G A. Mechanical properties of the principal rock-forming minerals of the Khibiny apatite—Nepheline deposits[J]. Soviet Mining, 1974, 10(5):533-537.

[31] Guéry A A, Cormery F, Shao J F, et al. A micromechanical model for the elastoplastic and damage behavior of a cohesive geomaterial[J]. International Journal of Solids & Structures, 2008, 45(5):1406-1429.

第 3 章　TM 耦合条件下花岗岩物理力学特性研究

3.1　引　　言

干热岩是深埋地表以下约 3km 的岩层,受地球内部高温影响,该岩层的温度范围为 150～650℃。目前主要利用干热岩进行发电,主要原理是钻井到该部分岩层,然后向注入井中注入常温水,高温的岩层遇到常温水后,会使液态水吸收大量的热量并以水蒸气的形式从生产井中冒出,利用排出的热蒸汽进行发电,实现能量的转换,并将利用后的液态水重新排入注入井内,从而实现资源的循环利用。干热岩工程用于发电,可以解决目前能源短缺的问题,而且干热岩发电是一种清洁的发电形式,对环境的污染很小,相对于火力发电和核能源发电等具有明显的优势。干热岩的储备量十分可观,比目前蕴藏的石油、天然气和煤的总量还要多。我国位于环太平洋地震带和喜马拉雅地震带交界地,太平洋板块、印度洋板块和欧亚大陆板块的相互挤压和碰撞,使得该区域的地热资源较为丰富,所以我国的干热岩资源的储备量是较为丰富的国家之一。对于地热资源的合理开采和利用,目前我国的技术手段还不是太成熟,但国内越来越多的专家已经开始投入对该方面技术的研究。

此外,核能源目前是许多发达国家使用的能源之一。相比于资源丰富的国家,核能源的利用对资源相对匮乏的国家来说逐渐成为趋势。像法国等发达国家,能源储存量相对贫瘠,石油和天然气的蕴含量十分有限,煤炭资源在 20 世纪中期已经逐渐枯竭,所以大力发展核能等清洁能源。通过大量建设核反应堆,满足了国内的供电需求,并且向周边国家进行电力输送。核废料具有放射性高、衰变时散热量大和半衰期长的特点,核反应堆大量建设,随之而来的问题就是核废料的合理处置问题。目前,国际上公认的对核废料处置较为安全可行的方法是将其深埋于地层下上千米,并且运用性质稳定、耐高温、耐腐蚀的岩石材料作为放射性核废料的屏障性围岩。对于地表以下岩土体,当深度不大时,垂直方向上的应力与水平方向上的应力的比值相对分散,随着深度的增加,该比值的范围逐渐缩小,且逐渐趋近于 1。因此,作为放射性核废料的屏障性围岩基本处于三向主应力相等的静水压力状态,并且静水压力的大小与深度呈正比例关系,深度越深,静水压力也越大。值得注意的是,随着地层深度的加深,赋存环境的温度会逐渐提高,岩石的抗压强度会出现一定程度的降低。另外,核废料屏障性围岩也要充分考虑地下水的影响。因此,对核废料屏障性围岩的多场耦合研究具有十分重要的意义和前景。

因此,本章开展花岗岩在 TM 耦合作用下三轴压缩的破坏形式以及流变特性。利用马弗炉对自然状态下的花岗岩进行加温,待花岗岩内部温度到达目标值温度并保持恒温一段时间后,迅速打开舱门取出高温状态的花岗岩快速置于冷水中,使其在较短的时间内完成冷却。利用微观观测手段对经过高温水冷的花岗岩进行观测,分析温度对花岗岩微观形态的影响。利用三轴流变试验机对经过高温水冷的花岗岩进行常规三轴试验,通过试验数据分析热处理温度对花岗岩物理力学性质和行为的影响。

3.2　TM 耦合条件下花岗岩物性试验

硬脆性岩石在 TM 耦合条件下物理性质会发生非常大的改变,对核废物深部处置库围岩和干热岩而言,研究花岗岩在 TM 耦合下物理参数的演化规律具有十分重要的意义。本节主要从高温热处理后花岗岩物性试验出发研究温度-应力对花岗岩的影响。首先,介绍本试验选用试样的加工方法和热处理方法;然后,对高温热处理后的花岗岩物理参数进行测量,包括天然密度、孔隙度、热传导性、纵波波速和渗透性;最后,利用微观测试技术对花岗岩经历高温热处理后微观性质进行研究。图 3.1 为本章的试验方案。

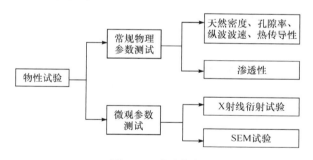

图 3.1　试验方案

3.2.1　试样加工及热处理方法

试验岩样选用新鲜细粒花岗岩,岩样致密,宏观均匀性好,通过 X 射线衍射试验分析得到其主要的矿物成分及质量分数分别为:石英(10.02%)、钾长石(24.51%)、钠长石(35.43%)、云母(28.76%)、绿泥石(1.16%)和方解石(0.12%)。其天然密度为 2.61g/cm³,孔隙度为 0.0192。考虑到所研究的花岗岩含有的矿物颗粒尺寸较小,为亚毫米级,因此本试验采用直径 37mm 和高度 74mm 的圆柱形试件,尺寸完全符合特征单元体的要求。试样由湖北工业大学土木建筑与环境学院自行购买的岩石自动钻孔机、岩石切割机和岩石双端面磨石机加工,试样的加工精度(岩石端面的平行度、平直度和垂直度)均控制在《水利水电工程岩石试验规程》(SL 264—2001)规定范围内,试样表面平整光滑,没有明显的缺陷。

　　本次用于试样加热的马弗炉功率为 4kW,频率为 50Hz。将加工后的花岗岩圆柱体试样放置于设定好目标温度的马弗炉中进行加热,加温速率为 5℃/min,该加温速率可避免试样加温过程不均匀温度分布引起的热应力。当温度上升到设定温度时,保持温度稳定 4h。本试验中花岗岩的加热温度分别选定为 200℃、300℃、400℃、500℃、600℃和 900℃。将加温后的花岗岩试样迅速取出放入 20℃的冷水中进行冷却 1h,待岩样完全冷却后将试样从水中取出擦干,并放入 105℃的恒温箱中 24h,以使试样充分干燥。图 3.2 为马弗炉加热试样图片。

图 3.2　马弗炉加热试样

　　由图 3.3 可以看出,随着热处理温度的提高,花岗岩试样的表观颜色色调逐渐变浅。热处理温度为 25～500℃时,花岗岩表观颜色并未发生很大改变;热处理温度高于 600℃时,随着热处理温度的提高,花岗岩表观颜色逐渐变浅。

图 3.3　经过各种温度处理后花岗岩表观颜色

3.2.2　高温处理后的花岗岩常规物理参数测试

1. 密度和孔隙度测试

通过测量花岗岩在天然状态下的质量和体积,可以计算得到天然状态下花岗岩的天然密度为 $2.61g/cm^3$。对于花岗岩孔隙度的量测采用常规的排水法,即将花岗岩先进行保水处理,通过烘干岩石试样排出内部水分可计算出排出水的质量。计算公式见式(3.1):

$$\phi = \frac{V_p}{V} = \frac{4(M_s - M_d)}{\pi D^2 l \rho_w} \times 100\% \tag{3.1}$$

式中,V_p 和 V 分别为孔隙体积和岩石试样在自然状态下的总体积;D 和 l 分别为岩石试样的高度和横断面的直径;M_s 和 M_d 分别为花岗岩试样完全保水状态和干燥状态时的质量。

M_s 和 M_d 测试方法是将花岗岩试样置于真空泵中 3h,然后向真空泵中注入纯净水,使得花岗岩试样中孔隙由纯净水完全填充完毕,称量保水状态的花岗岩试样,一周之内质量变化小于总质量的 0.1% 时,假定花岗岩岩样已经处于完全保水状态。称量完全保水状态下花岗岩试样的质量,将完全保水状态的花岗岩试样放入 105℃ 的干燥箱中干燥 24h,质量变化小于总质量的 0.1% 时,假定花岗岩岩样已经处于完全干燥状态,并称量质量。按照式(3.1)可计算出未经加温处理后的花岗岩的孔隙度为 1.92%。

图 3.4 为干密度、饱和密度和孔隙度随热处理温度变化的规律曲线。可以看出,随着热处理温度的提高,干密度和饱和密度均呈降低的趋势,在常温(25℃)至 600℃ 热处理区间内,减小的幅度较小。当热处理温度高于 600℃ 时,干密度和饱和密度均出现大幅度的减小。孔隙度随热处理温度的升高逐渐增大,在 25～400℃ 温度区间内,孔隙度的变化幅度不明显,当热处理温度高于 500℃ 时,孔隙度增大的趋势明显。说明经过高温(热处理温度高于 600℃)热处理后,花岗岩内部出现了明显的损伤,产生了大量的裂隙。

2. 声波测试和导热系数测试

为了进一步研究经过高温遇水冷却后的花岗岩内部温度裂隙的开展情况,对高温热处理后的花岗岩进行纵波波速测试和热传导性测试。

纵波试验采用多功能声波参数测试仪,该声波测试仪的测试精度可达 $0.05\mu s$。对岩石而言,由于纵波波速比横波波速能更好地反映花岗岩的力学特征[1],且具有测试的精度高、试验费用低和对试样无损的优点,因此本次试验超声波测试仅测量其纵波波速。换能器纵波谐振频率为 2.5MHz,纵波换能器与岩样

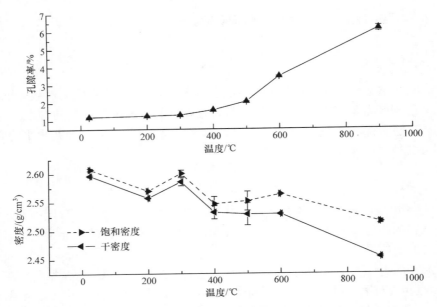

图 3.4　干密度、饱和密度和孔隙度随热处理温度的变化曲线

间采用适量甘油做耦合剂,每次测试前用标准铝块对声波测试系统进行标定,确保系统发射信号的准确性。通过超声波试验可以获得不同温度热处理后花岗岩的纵波波速。图 3.5 为多功能声波测试仪。

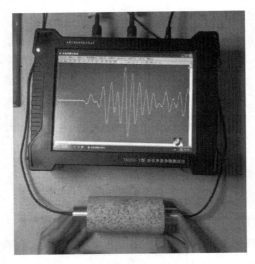

图 3.5　多功能声波测试仪

　　本次导热系数测试试验设备为 TC 3000E 型导热系数测量仪,该导热系数测量仪的准确度为±3%,分辨率可达到 0.001W/(m·K),测量满足本次试验的精度要求,该设备如图 3.6 所示。将准备好的花岗岩试样放置于导热仪的上下压头之间,然后将仪器连接计算机,通过软件中的自动多次采集模块实现测量数据的多次采集。由于本测试目的仅考虑不同温度水冷对花岗岩热传导性能的影响,故测试温度控制为 24℃。

图 3.6　导热系数测量仪

　　图 3.7 为纵波波速和导热系数随热处理温度变化的归一化曲线。可以看出,纵波波速和导热系数均随热处理温度的提高出现降低的趋势。当热处理温度低于600℃时,纵波波速和导热系数的变化趋势接近;当温度高于 600℃时,导热系数的减小幅度变缓。

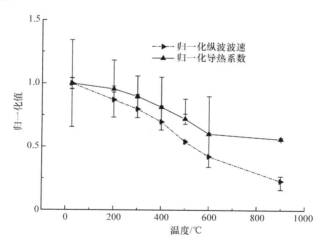

图 3.7　纵波波速和导热系数随热处理温度变化的归一化曲线

3. 气体渗透试验

　　高温状态快速冷却的花岗岩内部会产生温度裂隙,温度降低得越大,快速冷却后热裂隙就越发育。花岗岩内部致密,采用液体作为渗透流体,一方面由于液体的黏滞系数比气体黏滞系数大;另一方面由于液体的注入会对热处理后花岗岩的物理性质产生影响,因此选用惰性气体作为渗透流体可以显著提高渗透率的测试精度。

气体渗透率测试设备为自主设计和制作(图 3.8)。测试气体通过减压阀将进气端的高压气体降低到一定压力,经过气体渗透管路从注入端注入三轴压力室渗流管路内部。为了防止在加载过程中渗透管路中突增的高压气体对高精度压力仪表的破坏,在容量瓶两端分别设置有安全阀。

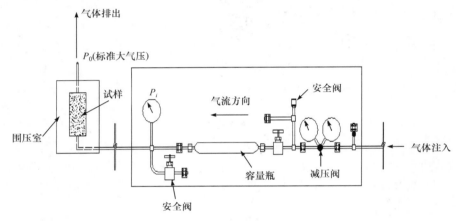

图 3.8　气体渗透率测试设备简图

花岗岩经历高温加热迅速置于冷水中冷却后会在其内部产生大量的温度裂隙,为了研究热处理温度与温度裂隙的关系,对经历热处理后的花岗岩进行气体渗透性试验。

试验采用的试样与上述试验采用的试样尺寸相同。考虑经过高温处理后的花岗岩在静水压力作用下的渗透率出现的趋势,本次气体渗透性试验采用的静水压力为 5MPa、10MPa、15MPa、20MPa、30MPa、40MPa 和 50MPa。本次试验是将经历不同高温热处理后的花岗岩逐次施加静水压力水平直至最大静水压力水平达到 50MPa,然后以相同的静水压力水平逐次卸载,在加、卸载过程中实时监测试样的渗透率,以此间接反映花岗岩经历高温热处理后裂隙开展情况。

图 3.9 为不同温度处理后花岗岩渗透率随静水压力变化的规律曲线。可以看出,随着静水压力的提高,经过高温热处理后的花岗岩的渗透率呈现降低的趋势,热处理温度越高,花岗岩的渗透率越大。说明热处理温度对花岗岩内部产生了一定的损伤,并且热处理温度越高,损伤越明显,静水压力的存在使得经历高温热处理的花岗岩内部裂隙出现一定程度的闭合,使试样的渗透性减弱。

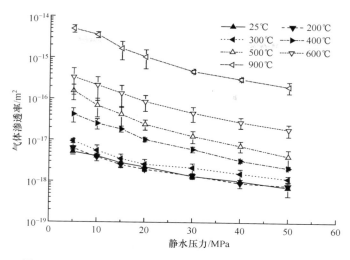

图 3.9　不同温度处理后花岗岩渗透率随静水压力变化曲线

图 3.10 为不同静水压力作用下渗透率相对于静水压力为 50MPa 时的渗透率变化率曲线。可以看出，热处理温度为 500℃ 时，静水压力为 5MPa 对应的渗透率相对于静水压力为 50MPa 的渗透率变化率较大，说明热处理温度为 500℃ 对应的花岗岩最易于压缩，即一定的压力条件下，热处理温度为 500℃ 时，岩石的裂隙闭合程度最大。出现这一现象的原因在于热处理温度为 500℃ 左右时，花岗

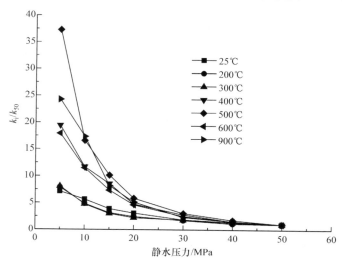

图 3.10　热处理后花岗岩渗透率相对于静水压力为 50MPa 时的渗透率变化率曲线

岩出现大幅度的损伤,内部裂隙迅速增加,导致渗透率相对于热处理温度较低试样的渗透率增大很多。当热处理温度继续升高时,虽然岩石内部的热裂隙会继续扩张和延伸,但是内部结构出现一定的硬化,限制试样的进一步变形,因此在静水压力的作用下,内部微裂纹的闭合程度受到一定限制。

为了进一步研究在静水压力作用下,经过高温水冷处理的花岗岩裂隙的闭合程度,对高温热处理后的花岗岩进行静水压力加、卸载试验,利用气体渗透仪检测在静水压力加、卸载前后岩石试样渗透率的变化情况,间接反映花岗岩内部微裂隙的可压缩程度和微裂隙的可恢复程度。图 3.11 为热处理温度为 900℃对应的静水压力加载前后渗透率变化曲线。可以看出,在卸载过程中,虽然渗透率会随静水压力的卸载有部分提高,但相对于加载状态时有一定的差值。图 3.12 为不同静水压力下加、卸载前后渗透率变化率与热处理温度的关系曲线。

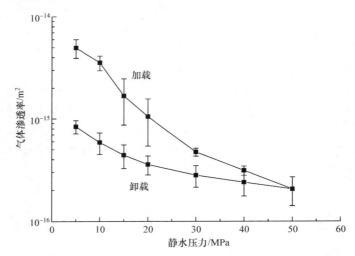

图 3.11　热处理温度为 900℃对应的静水压力加载前后渗透率变化曲线

3.2.3　微观测试试验研究

随着科学技术的发展,SEM 技术和 X 射线衍射技术逐渐成为检测固体材料的重要手段。微观测试手段在岩石力学领域的应用,促进了岩石力学学科的发展,为研究岩石在多场耦合下的破坏机理提供支持。

1. X 射线衍射试验

花岗岩是由晶粒和晶粒间胶结物连接而成的地质体,晶粒由原子有规则排列而成的晶胞构成。当 X 射线波长与晶粒间的间距具有相同的数量级时,若 X 射线以一定角度与晶面相交,则会以相同的反射角度进行反射,并且反射光线得到一定

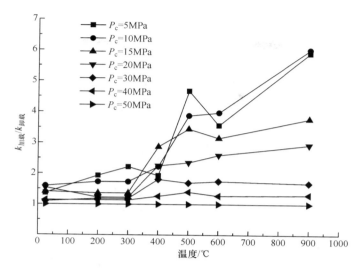

图 3.12　不同静水压力下加卸载前后渗透率变化率与热处理温度的关系曲线

程度的加强[2~4]，如图 3.13 所示。

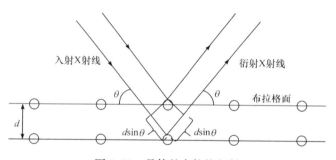

图 3.13　晶体的布拉格衍射

　　式(3.2)为衍射公式，利用布拉格方程可以根据已知的 X 射线(波长 λ 已知)测量晶体的晶面间距。

$$2d\sin\theta = n\lambda, \quad n = 1, 2, \cdots \tag{3.2}$$

式中，d 为相邻两相同反射原子面的间距；θ 为入射 X 射线与反射晶面间的夹角，称为布拉格角；λ 为 X 射线的波长；n 为反射级数，指两相邻相同原子面上反射线之间的光程差与波长的比值。通过对花岗岩进行衍射分析，可以得到花岗岩中晶粒的组成。

　　本次花岗岩 X 衍射试验设备为中国地质大学(武汉)材料与化学学院 XRD 研究室提供的德国 Bruker AXS D8-Focus X 射线衍射仪(图 3.14)，用该设备研究经过高温热处理后花岗岩矿物成分的变化规律。

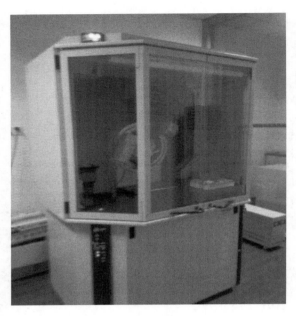

图 3.14　德国 Bruker AXS D8-Focus X 射线衍射仪

　　在经历不同高温水冷处理后的花岗岩试样表面取少许片状样本,在室内利用研磨器将样本研磨成粉末状,细度为微米级。将粉末状的花岗岩样本放入 X 射线扫描仪中进行 X 射线扫描。测试过程中不考虑测试温度影响,实验室温度设定为 25℃。图 3.15 为不同温度热处理后花岗岩的 X 射线衍射图。

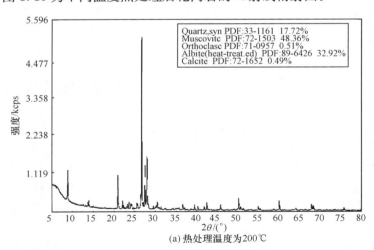

(a) 热处理温度为200℃

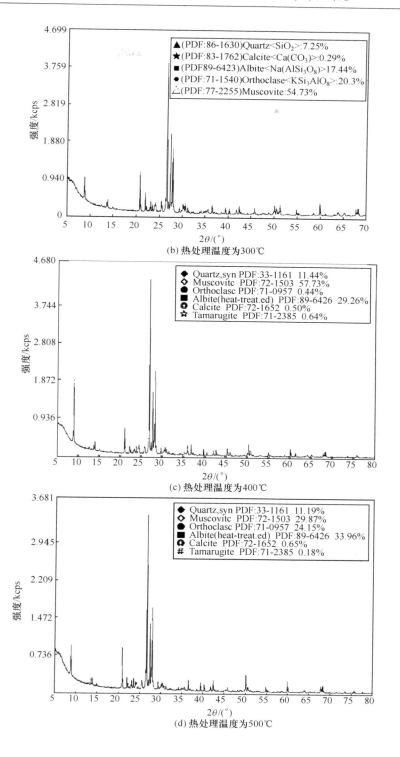

(b) 热处理温度为300℃

(c) 热处理温度为400℃

(d) 热处理温度为500℃

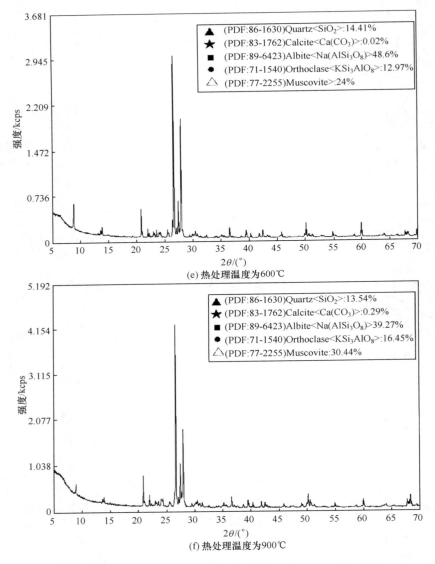

图 3.15　不同温度热处理后花岗岩的 X 射线衍射图

在 X 射线衍射图谱中,横坐标表示衍射角 2θ,单位为度,纵坐标表示强度。表 3.1 为 X 射线衍射试验测得的主要矿物成分质量分数。

根据表 3.1 的测试数据,可以绘制出经过高温热处理后花岗岩内部各矿物成分含量随热处理温度变化曲线(图 3.16)。由图 3.16 可以看出,本次试验采用的花岗岩试样主要由云母、长石和石英组成。

表 3.1　不同热处理温度处理后的花岗岩各矿物成分质量分数

温度/℃	编号	石英/%	云母/%	钾长石/%	钠长石/%	方解石/%	三斜钠明矾/%	钠沸石/%
200	1	17.72	48.36	0.51	32.92	0.49	0	0
	2	13.48	47.54	2.33	35.12	1.54	0.99	0
300	1	7.25	54.73	20.30	17.44	0.29	0	0
	2	11.02	46.07	18.15	23.10	0.58	0.88	0.19
400	1	11.44	57.73	0.44	29.46	0.50	0.64	0
	2	11.85	53.12	2.13	31.34	0.55	1.00	0
500	1	11.19	29.87	24.15	33.96	0.65	0	0.18
	2	15.66	45.57	2.18	36.31	0.10	0	0.19
600	1	14.41	24.00	12.97	48.60	0.02	0	0
	2	19.13	45.65	1.64	32.41	0.85	0	0.32
900	1	13.54	30.44	16.45	39.37	0.29	0	0
	2	11.35	44.45	2.28	41.34	0.37	0	0.20

注：各数值之和不等于 100%，是因为有数字进行了舍入修约。

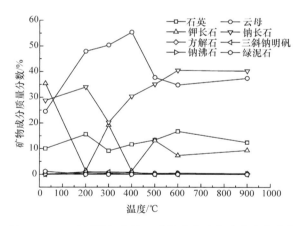

图 3.16　经过不同温度处理后花岗岩矿物成分演化曲线

在热处理温度低于 600℃时，矿物成分随热处理温度的波动较大。云母含量在热处理温度低于 400℃时随热处理温度的提高逐渐增大，热处理温度为 400～600℃时，随热处理温度的提高，云母含量呈现下降的趋势。长石和石英含量在热处理温度低于 600℃时上下波动，规律性不明显，出现这种现象的主要原因在于：①本次 X 射线衍射试验每组试验工况选取的样品个数为 3 个，数量较少，而矿物成分的规律性研究往往需要很多组试验数据来进行统计学分析；②X 射线衍射试验选取的部位过小,不能全面反映花岗岩整体的矿物成分含量,离散性较大。

2. SEM 试验

SEM 由德国学者 Knoll 在 1932 年提出,并于 1935 年设计,这被认为是第一台 SEM。但由于受到当时电子技术条件的限制,扫描电子显微镜的适用性受到了限制。1957 年,英国剑桥大学采用光电倍增管,使得 SEM 的成像质量大为提高,其后世界各国科学仪器工作者对仪器的发展做出了很大贡献[5~7]。由于 SEM 具有图像观察、选区电子通道分析和选区成分分析的特点与优势,因此在冶金、地质以及生物工程等领域得到广泛应用。

图 3.17 为 SEM 结构示意图。SEM 是利用电子枪在需要检测的样品表面发射出电子束,在电子束和样品表面的相互作用下,样品中会激发出二次电子、背反射电子、吸收电子、X 射线等物理信号,这些信号经探测器接收并放大转化成电信号。然后同步地调制阴极射线管荧光屏上相应位置的亮度,于是就把样品表面不同位置的信号强度转变成试样表面的放大像[6]。改变镜筒中扫描线圈中电流的大小即可改变样品表面的扫描尺寸,也就相应地改变了放大系数。我们可以利用 SEM 试验来观察试样表面的各种特征,如观察试样表面由于多场耦合作用产生的裂隙。

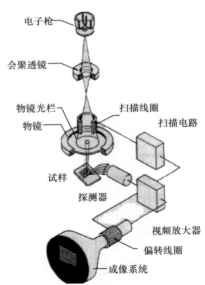

图 3.17　SEM 结构示意图[5]

本次电镜扫描试验设备采用中国地质大学(武汉)材料科学与化学工程学院提供的 JSM-35CF 型扫描电子显微镜,二次电子图像分辨率为 6nm(WD15)、15nm

（WD39），加速电压为 0～39kV，放大倍数为 10～1.8×10⁵，工作真空度为 10⁻⁴Pa。设备指标满足试验要求。图 3.18 为 SEM 实物图。

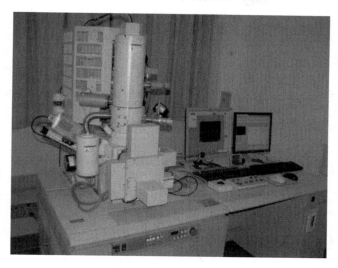

图 3.18　SEM 实物图

　　图 3.19 为随热处理温度的提高花岗岩温度裂隙演化的 SEM 图像。可以看出，在热处理温度低于 200℃时，花岗岩试样内部出现的温度裂隙不明显，花岗岩试样微观状态完好。当热处理温度为 300～400℃时，花岗岩内部出现少许的不连通的温度裂隙，裂隙在宽度上可达 10mm。热处理温度为 500℃时，花岗岩表层的岩层出现颗粒化，整体性减弱，热裂隙的深度加深，有部分表层出现脱落。当热处理温度高于 600℃时，花岗岩热裂隙出现交汇贯通，表层岩体的颗粒化严重，且部分表层出现层状脱落现象。

(a) 25℃　　　　　　　　　　　　　　　　　(b) 200℃

(c) 300℃　　　　　　　　　　　　　(d) 400℃

(e) 500℃　　　　　　　　　　　　　(f) 600℃

(g) 900℃

图 3.19　随热处理温度的提高花岗岩温度裂隙演化的 SEM 图像

　　与力学试验相比对可以发现,花岗岩内部温度裂隙的变化与宏观力学参数的变化相一致。在热处理温度低于 600℃时,花岗岩内部温度裂隙相对于高热处理温度时较少,花岗岩抗压强度、杨氏模量和黏聚力降低的趋势不明显。当热处理温度高于 600℃时,由 SEM 图像可以看出,花岗岩内部温度裂隙出现大幅度增加,花岗岩无侧限抗压强度、杨氏模量和黏聚力出现大幅度降低。可见,微观探测手段的出现为分析和解释花岗岩宏观力学行为提供了可靠的依据。

3.2.4　试验数据分析

表 3.2 为经过高温热处理后的花岗岩物理参数试验数据。

表 3.2　经过高温热处理后的花岗岩试样的物理参数数据

温度 /℃	干密度 /(g/cm³)	饱和密度 /(g/cm³)	孔隙度 /%	纵波波速 /(m/s)	导热系数 /[W/(m·K)]	渗透率 /m²
25	2.597	2.609	1.176	2564.102	2.758	4.634×10^{-18}
	2.594	2.606	1.206	2702.702	2.564	5.921×10^{-18}
	2.596	2.605	1.191	2500.000	2.615	4.862×10^{-18}
200	2.557	2.570	1.240	2272.727	2.487	7.025×10^{-18}
	2.556	2.569	1.275	2222.222	2.593	5.960×10^{-18}
	2.557	2.569	1.258	—	2.507	5.850×10^{-18}
300	2.578	2.591	1.283	2040.816	2.414	8.414×10^{-18}
	2.592	2.605	1.324	2083.333	2.316	9.339×10^{-18}
	2.585	2.603	1.304	—	2.401	1.049×10^{-17}
400	2.543	2.559	1.586	1818.181	2.178	5.789×10^{-17}
	2.520	2.536	1.574	1785.714	2.147	3.853×10^{-17}
	2.531	2.544	1.580	—	2.139	2.958×10^{-17}
500	2.547	2.568	2.038	1369.863	1.755	2.178×10^{-16}
	2.509	2.529	2.049	1428.571	1.956	1.504×10^{-16}
	2.528	2.556	2.043	1408.450	2.016	9.529×10^{-17}
600	2.529	2.564	3.419	1098.901	1.58	5.446×10^{-16}
	2.527	2.562	3.478	1086.956	1.621	1.012×10^{-16}
	2.528	2.563	3.449	—	1.586	3.568×10^{-16}
900	2.454	2.517	6.293	598.802	1.452	5.971×10^{-15}
	2.451	2.511	5.968	588.235	1.504	4.045×10^{-15}
	2.453	2.514	6.130	595.238	1.517	4.823×10^{-15}

　　国内外许多学者对渗透率、孔隙度、导热系数以及纵波波速间的相关性做了大量的试验研究,并提出了许多相关性模型。Gueguen 等[8]提出两种关于渗透性、导热系数和孔隙度间相关性模型。Alhomadhi[9]提出考虑岩石内部晶粒尺寸、排列压实压力等渗透率模型。

　　图 3.20 为导热系数、渗透率、纵波波速和孔隙度间相关性曲线。可以看出,随着孔隙度的增大,导热系数和纵波波速呈下降趋势,且在孔隙度为 1%～2% 时减

小速率最大,随着孔隙度的增大,导热系数和纵波波速减小的速率减缓。渗透率随孔隙度的提高呈增大的趋势。利用最小二乘法对图中参数的相关性进行数值拟合,拟合公式为

$$k=3\times10^{-17}\phi^3-2\times10^{-16}\phi^2+6\times10^{-16}\phi-5\times10^{-16} \tag{3.3}$$

$$v=172.61\phi^2-1709\phi+4634.3 \tag{3.4}$$

$$\lambda=-0.0509\phi^3+0.628\phi^2-2.4626\phi+4.7138 \tag{3.5}$$

式中,k 为渗透率,m^2;v 为纵波波速,m/s;λ 为导热系数,$W/(m\cdot K)$;ϕ 为孔隙度,%。

从式(3.5)可以看出,$k\propto\phi^3$,与 Gueguen 等得出的裂隙模型相一致。

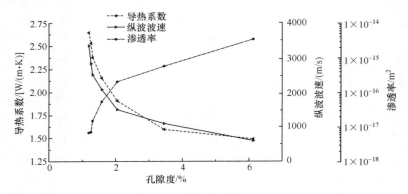

图 3.20　导热系数、渗透率、纵波波速和孔隙度相关性曲线

3.3　TM 耦合条件下花岗岩力学特性

3.3.1　三轴试验系统

三轴试验采用设备为 THMC 全耦合多功能试验系统(图 3.21),该三轴试验系统包括三轴压力室、高刚度反力框架、高压电液伺服泵、计算机系统、应变监测采集系统和附属装置。

采用自主研发的自平衡三轴压力室进行三轴压缩试验。压力室内部由上压盖、下压盖和钢套筒组成封闭腔。围压室内部采用压缩性较小的液压油作为围压加载介质。

本次试验系统配备了计算机系统,并采用中国科学院武汉岩土力学研究所自主开发的控制采集软件。该软件操作简单,能够实现对围压泵、偏压泵和孔隙压力泵实时控制,并对变形进行自动采集。

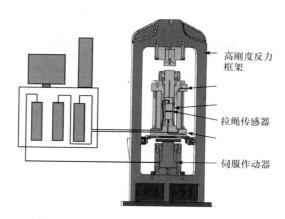

高刚度反力框架

拉绳传感器

伺服作动器

图 3.21　THMC 全耦合多功能试验系统

试验系统还包括许多附属设备：

（1）特制的硅化橡胶套，橡胶套包裹在试样内部，在三轴压缩试验中能够起到隔离试样的作用。

（2）特制的透水垫片，能够消除试验的端部效应。

（3）用于围压、偏压和孔隙压力流进流出的液压油路。

3.3.2　静水压力试验

静水压力状态是指材料所受到的 3 个主应力大小相等的应力状态。根据经典弹塑性力学可知，材料处于静水压力状态的变形主要由应力球张量引起，而一般不会有应力偏张量，即一般不会产生塑性变形。岩石作为一种复杂的地质材料，其赋存环境相对复杂，一方面受到上覆岩土层和侧向岩土体的压力作用，另一方面受到地层深处的热力场、化学腐蚀场和渗流场等多场耦合作用，其力学响应相对复杂。另有研究表明[10,11]，岩石所处的底层深度超过 3km 时，侧压力系数趋近于 1，即岩土体处于静水压力状态。因此，本节主要研究处于静水压力状态下的岩石在 TM 耦合作用下的力学性质。

1. 试验准备

本次静水压力试验采用的设备为 THMC 全耦合多功能试验系统（3.3.1 节）。通过马弗炉对试样进行均匀加热，加热速率保持 5℃/min 直至目标值温度，恒温目标值温度 4h 使岩石内温度均达到目标值温度。将加热好的试样置于常温纯净水中迅速冷却。热处理温度为 200℃、300℃、400℃、500℃、600℃和 900℃，每组工况选择 3 个试样，表 3.3 为本次静水压力试验的试样工况。

表 3.3　静水压力试验的试样工况

温度/℃	25	200	300	400	500	600	900
	1-1	2-1	3-1	4-1	5-1	6-1	7-1
编号	1-2	2-2	3-2	4-2	5-2	6-2	7-2
	1-3	2-3	3-3	4-3	5-3	6-3	7-3

将经过热处理的花岗岩试样放置于静水压力室内,压力室内部充满液压油,待液压油完全排除压力室腔内空气时,关闭压力室的排气阀门,开始使用电液伺服系统向压力室腔内施加静水压力。静水压力加载为流量加载方式,加载速率为 1mL/min,加载静水压力目标值为 50MPa。

2. 静水压力试验数据及分析

对高温水中快速冷却后的花岗岩进行静水压力试验,图 3.22(a)～(g)为不同热处理温度下轴向应变、环向应变以及体积应变在静水压力为 0～50MPa 的变形规律。其中,横坐标表示应变值,纵坐标表示静水压力。

从图 3.22(a)～(g)可以看出,经过高温热处理后的花岗岩在静水压力作用下轴向应变和环向应变并不是完全重合的,即在静水压力作用下,轴向应变大于环向应变,这主要是因为花岗岩内部存在各向异性,使得在静水压力作用下,各个方向上的变形并不一致。同时可以看出,随着热处理温度的提高,轴向应变和环向应变的差异性表现得越来越明显。

在静水压力加载初始阶段,轴向应变和环向应变均表现出非线性增长,并且随热处理温度的提高,非线性阶段越来越明显,这种非线性的变形是由初始微裂隙和微孔隙造成的。

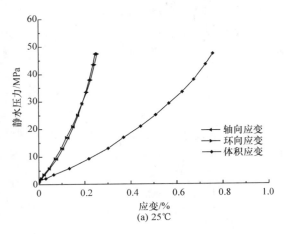

(a) 25℃

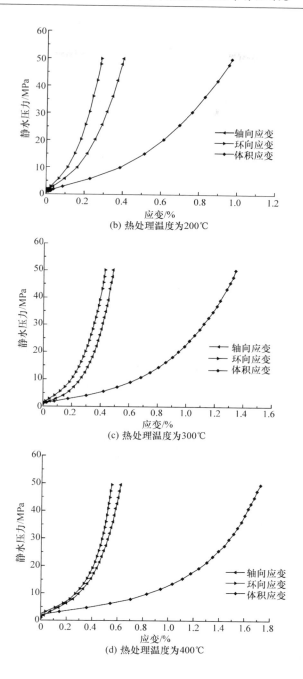

(b) 热处理温度为200℃

(c) 热处理温度为300℃

(d) 热处理温度为400℃

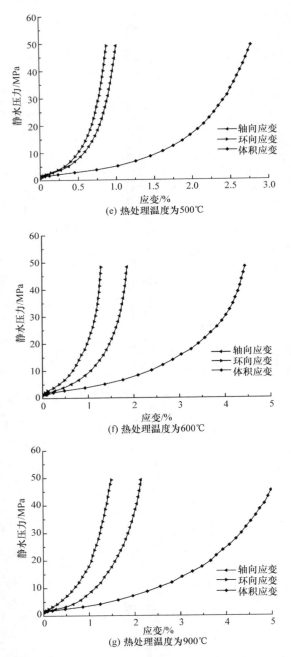

图 3.22　不同热处理温度下轴向应变、环向应变和体积应变随静水压力变化规律曲线

静水压力达到一定水平后(约为 20MPa),轴向应变和环向应变开始出现线性增长关系,说明此阶段为静水压力加载条件下的弹性变形阶段。由图 3.22 可以看出,热处理温度的不同,在应力-应变上非线性段历时也不同,在热处理温度低于400℃,静水压力达到约 15MPa 时,体积应变进入平直段,而热处理温度为 900℃,静水压力达到 50MPa 时,体积应变才刚刚进入平直段。

令体积应变为三向主应变之和,即 $\varepsilon_v=\varepsilon_1+2\varepsilon_3$,其中 ε_v 为体积应变,ε_1 和 ε_3 分别为轴向应变和环向应变。图 3.23 为不同热处理温度处理后花岗岩的体积应变随静水压力的变化曲线。可以看出,随着热处理温度的提高,花岗岩的体积压缩量逐渐增大。根据体积应变曲线的线性段,可以通过式(3.6),方便地求出在静水压力作用下的体积压缩模量 k^b:

$$k^b=\frac{\Delta\sigma_m}{\Delta\varepsilon_v} \tag{3.6}$$

式中,k^b 为体积压缩模量,MPa;$\Delta\sigma_m$ 为平均应力 $\sigma_m=tr(\sigma)/3$ 的增量,MPa;$\Delta\varepsilon_v$ 为体积应变 ε_v 的增量。

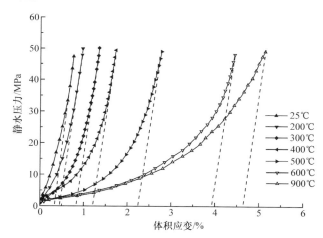

图 3.23　不同热处理温度后体积应变随静水压力的变化曲线

试验研究表明,不同高温热处理后的花岗岩在静水压力作用下具有相同的体积压缩模量,本次静水压力试验测得的高温热处理后花岗岩的体积压缩模量为9GPa 左右。

在图 3.23 作体积应变平直段的切线,该切线与 x 坐标轴相交,交点对应的应变为残余应变(ε_r)。由于岩石内部存在原生裂隙和温度裂隙,故在静水压力作用下会出现岩石内部微裂隙的压密闭合,同时伴随变形的产生。不同热度处理后的花岗岩内部产生的温度裂隙的程度是不同的,根据图 3.23 中静水压力作用下体积应变与静水压力关系曲线,作曲线初始压缩段的切线,以切线的斜率作为初始切线模量,初始切线模量的大小可以反映岩石在初始阶段的可压缩性,间接反映经历高温热处理后花岗岩内部裂隙的发育情况。

　　高温热处理后的花岗岩平直段起始点随热处理温度的升高逐渐推迟,令热处理后的花岗岩平直段起始点对应的应变为关闭点应变,对应的应力为关闭点应力。通过静水压力试验的应力-应变曲线可求得不同热处理温度花岗岩试样对应的关闭点应变和关闭点应力。图 3.24 为关闭点应变和应力随热处理温度变化关系曲线。可以看出,随热处理温度的提高,关闭点应力和关闭点应变均出现增大的趋势,当热处理温度高于 600℃时,增大的趋势变缓。表 3.4 为关闭点应力和关闭点应变数据列表。

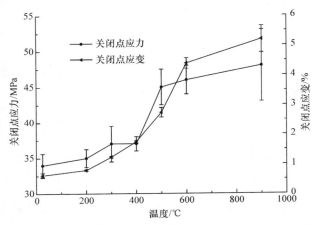

图 3.24　关闭点应变和应力随热处理温度变化关系曲线

表 3.4　关闭点应力与关闭点应变

温度/℃	σ_{close}/MPa			ε_{close}/%		
25	30	32	34	0.445	0.600	0.625
200	32	33.5	35	0.760	0.820	0.800
300	32	34.5	37	1.300	1.289	1.240
400	35	36	37	1.896	1.903	1.750
500	40	42.5	45	2.567	2.661	2.750
600	50	48	46	4.321	4.621	4.300
900	58	53	48	4.765	4.896	4.750

　　图 3.25 为初始切线模量和残余应变随热处理温度变化曲线,其中,残余应变为体积压缩曲线中平直段切线与 x 坐标轴的截距 ε_r。表 3.5 为初始切线模量和塑性应变数据列表。

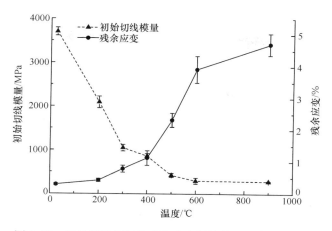

图 3.25　初始切线模量和残余应变随热处理温度变化曲线

表 3.5　初始切线模量和塑性应变数据列表

热处理温度/℃	初始切线模量/MPa			残余应变/%		
25	3816.669	3686.060	3595.361	0.28	0.30	0.29
200	1962.325	2029.772	2275.410	0.39	0.42	0.42
300	1083.020	943.678	1117.430	0.73	0.74	0.78
400	880.810	774.370	915.100	1.09	1.08	1.12
500	381.426	481.143	399.990	1.82	1.81	1.80
600	216.550	374.878	262.640	3.34	3.21	3.30
900	294.694	292.830	293.760	3.36	3.40	2.80

图 3.25 中标准偏差由式(3.7)计算：

$$s = \sqrt{\frac{\sum_{i=1}^{n}(x_i - \bar{x})^2}{n}} \tag{3.7}$$

式中，s 为某一参数的标准偏差；x_i 为测量数据点；$\bar{x}$ 为测量数据的均值；n 为测量数据点的个数。

从图 3.25 可以看出，在静水压力初始压缩时，初始切线模量和残余应变变化的幅度较为剧烈，热处理温度高于 600℃时，初始切线模量变化幅度减缓。这主要是因为在热处理温度高于 600℃时，花岗岩内部的温度裂隙已经足够发育，热处理温度继续提高时，裂隙的发育程度逐渐变缓。

3.3.3　常规三轴压缩试验

1. 三轴压缩试验

本节三轴压缩试验选用的花岗岩试样为高温遇水快速冷却后的试样,与前面章节所选试样相同。考虑到围压对岩石力学性质的影响,试验采用的 4 种围压分别为 0、5MPa、10MPa 和 15MPa。图 3.26 为 900℃高温遇水冷却后花岗岩不同围压破坏试样。从破坏形式上可以看出,单轴作用下的花岗岩的破坏形式为平行于最大主应力方向的张拉型破裂,随着围压的施加,破坏形式由张拉型破坏逐渐向剪切型破坏转变。剪切破裂面与最大主应力法平面夹角常记为 α,在有围压的情况下,α 通常不为 0。由于泊松效应的影响,在无侧限压缩时,轴向压缩使得岩石试样在环向产生张拉应力,所以破坏形式以张拉型破坏为主。在有侧限压缩时,由于围压的存在,最大剪切面与主应力呈一定角度,故破坏形式主要以剪切破坏为主,且破裂角不为 0。

图 3.26　900℃高温遇水冷却后花岗岩不同围压破坏试样

图 3.27 为不同热处理温度花岗岩试样的应力-应变曲线。可以看出,热处理温度低于 500℃时,峰值强度和杨氏模量并没有发生很大的弱化现象;当热处理温度高于 500℃时,花岗岩由典型的脆性破坏向延性破坏转变,单轴抗压强度和杨氏模量出现大幅度弱化。图 3.28 为经历不同高温热处理后的花岗岩在不同围压下的三轴压缩应力-应变曲线。

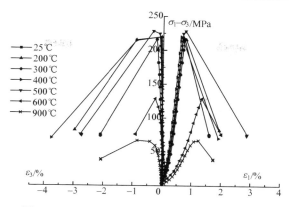

图 3.27　不同热处理温度花岗岩应力-应变曲线

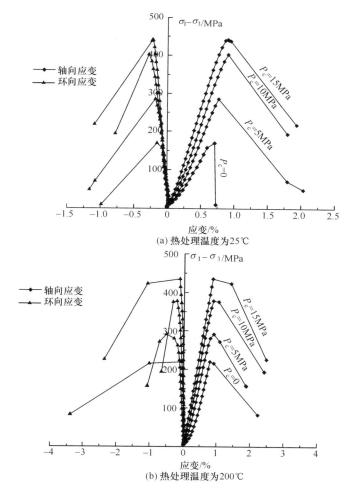

(a) 热处理温度为25℃

(b) 热处理温度为200℃

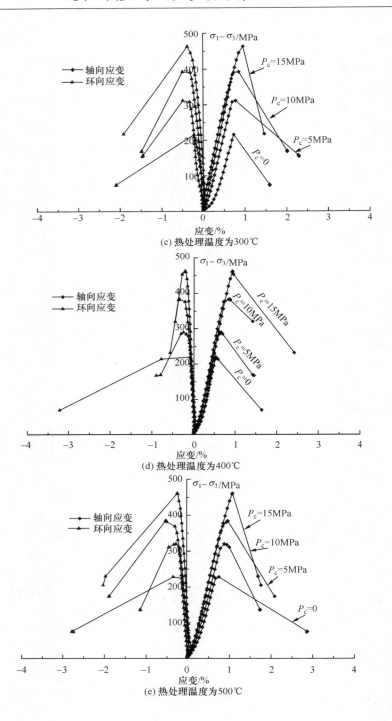

(c) 热处理温度为300℃

(d) 热处理温度为400℃

(e) 热处理温度为500℃

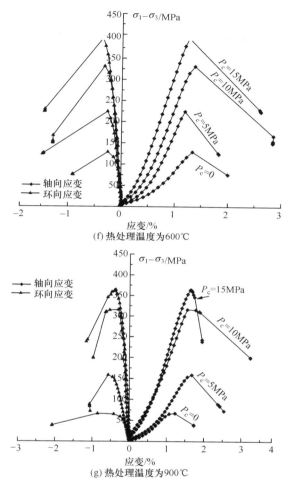

图 3.28　不同高温热处理后的花岗岩在不同围压下三轴压缩应力-应变曲线

　　由图 3.28 可以看出,三轴压缩过程中试样的峰值强度随围压的增加而增大,在高围压(15MPa)下,花岗岩的体积压缩量比单轴压缩条件下的花岗岩的体积压缩量大。未经历高温热处理的花岗岩在低围压条件下的破坏方式主要以脆性破坏为主。随着围压的提高,岩石的延性逐渐提高。同时可以看出,经历 900℃ 高温热处理后的花岗岩随着围压的不断提高,岩石破坏的形式由延性逐渐向脆性转变,这主要是由于高温热处理后的花岗岩内部产生大量的热裂隙,随着围压的提高,这些热裂隙出现一定的闭合,使得随着围压的升高,应力-应变曲线在到达峰值后表现出明显的应力跌落,应力出现急剧下降,试样失去承载能力,类似于无围压条件下表现出的脆性破坏形式。另外,从花岗岩破坏的应力-应变曲线可以看出,花岗岩在压缩过程中均出现体积的压缩-膨胀变形,即在低应力水平下,花岗岩在三轴压缩过程中出现体积压缩;当应力水平接近峰值时,体积压缩量达到最大,此时侧向变形急剧扩大,使得花岗岩体积开始出现膨胀。

表3.6~表3.8为经历高温水冷处理后花岗岩的峰值强度、杨氏模量和泊松比的试验数据。

表 3.6　不同温度水冷后花岗岩的峰值强度规律　　（单位：MPa）

σ_3/MPa	25℃	200℃	300℃	400℃	500℃	600℃	900℃
	168.9	223.5	247.0	205.4	201.4	134.1	67.1
0	172.3	230.3	216.2	233.9	232.6	139.9	58.1
	162.6	226.9	231.6	219.7	217.0	139.5	56.1
	299.7	319.4	326.4	313.3	298.3	227.4	259.6
5	297.3	291.9	316.9	289.6	349.0	206.5	250.0
	286.0	305.6	321.7	301.5	323.6	288.2	254.8
	406.6	393.6	397.3	365.7	411.5	331.2	343.4
10	330.8	378.8	427.8	406.0	356.8	350.1	311.4
	368.7	386.2	412.5	385.9	384.2	333.6	317.3
	441.4	460.0	454.6	440.6	440.0	409.8	358.5
15	490.2	450.9	452.5	451.4	450.7	384.4	391.1
	448.0	440.7	463.3	462.3	461.5	397.1	374.8

表 3.7　不同温度水冷后花岗岩的杨氏模量规律　　（单位：MPa）

σ_3/MPa	25℃	200℃	300℃	400℃	500℃	600℃	900℃
	30.7416	45.7639	41.2449	46.0896	45.3264	14.0674	9.0302
0	30.6814	44.8544	41.8025	46.9327	45.8081	13.2254	9.0110
	31.2427	45.3546	42.4746	46.9433	46.4137	14.4084	8.5375
	32.7952	47.7407	48.1557	49.9350	47.9682	28.7946	14.8588
5	33.1851	48.5326	49.0275	50.3300	47.9682	28.7812	14.8720
	33.5889	48.2992	48.6618	50.3435	47.9682	29.4788	14.4052
	52.1702	53.9712	53.3342	51.7064	50.6871	34.1045	24.1842
10	52.5512	55.7774	53.3176	52.2726	52.2782	34.7527	25.2561
	52.9549	54.9921	53.1331	51.9780	51.7861	34.9424	23.1275
	58.6783	55.3352	57.1889	48.2463	48.0923	39.1749	28.9354
15	54.2389	52.2133	54.7090	52.2622	46.8434	39.7078	31.1948
	52.0226	48.9899	49.6299	54.9260	49.2567	39.9569	30.3896

表 3.8　不同温度水冷后花岗岩的泊松比规律　　　（单位：MPa）

σ_3/MPa	25℃	200℃	300℃	400℃	500℃	600℃	900℃
0	0.2300	0.1731	0.5612	0.1912	0.4199	0.2443	0.3984
	0.2327	0.1666	0.5307	0.2812	0.3931	0.1715	0.5073
	0.2241	0.1692	0.5260	0.3012	0.4122	0.2026	0.5254
5	0.6825	0.3075	0.3930	0.2843	0.3477	0.3968	0.4134
	0.6491	0.2974	0.3537	0.2799	0.3867	0.2895	0.3837
	0.6177	0.3037	0.3568	0.3050	0.4072	0.3393	0.4353
10	0.3666	0.3397	0.4182	0.3253	0.3549	0.3198	0.2048
	0.3482	0.2866	0.4294	0.3049	0.3134	0.2917	0.2733
	0.3736	0.3166	0.4438	0.3320	0.3483	0.2689	0.3914
15	0.2868	0.2011	0.2169	0.1164	0.1376	0.3428	0.3150
	0.2558	0.1140	0.1120	0.1273	0.1896	0.3075	0.4526
	0.1604	0.2678	0.2114	0.1500	0.2533	0.3091	0.3203

　　图 3.29(a)～(c)为根据三轴压缩试验中峰值强度、杨氏模量和泊松比试验数据进行归一化处理得到的峰值强度、杨氏模量和泊松比随温度的变化曲线。

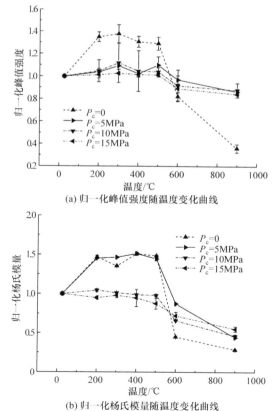

(a) 归一化峰值强度随温度变化曲线

(b) 归一化杨氏模量随温度变化曲线

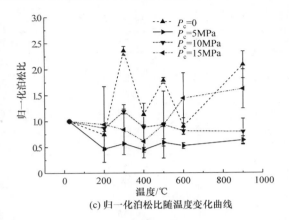

(c) 归一化泊松比随温度变化曲线

图 3.29　归一化处理得到的峰值强度、杨氏模量和泊松比随温度的变化曲线

从图 3.29(a)和(b)可以看出,对于低围压下的岩石三轴压缩试验,25～200℃时,峰值强度和杨氏模量随热处理温度的升高呈现增大的趋势;200～500℃时,峰值强度和杨氏模量变化幅度不明显;当热处理温度高于 500℃时,峰值强度和杨氏模量均出现大幅降低,随着围压的逐渐升高,热处理温度对峰值强度和杨氏模量的影响程度逐渐减弱。

2. 莫尔-库仑强度参数

岩石屈服准则的特点是考虑了岩石内部的摩阻力,常用的岩石屈服准则有多种,本次试验采用莫尔-库仑屈服准则。郑颖人等[12]提出岩土类材料莫尔-库仑屈服准则的一般形式为

$$F=\frac{1}{2}(\sigma_1-\sigma_3)+\frac{1}{2}(\sigma_1+\sigma_3)\sin\varphi-c\cos\varphi=0 \qquad (3.8)$$

式中,σ_1 和 σ_3 分别为三轴压缩过程中的最大主应力和最小主应力;c 和 φ 分别为岩土材料的黏聚力和内摩擦角。

图 3.30(a)为由不同的围压(σ_3)和偏压($\sigma_1-\sigma_3$)得到的关系曲线,图 3.30(b)为由不同围压(σ_3)和偏压($\sigma_1+\sigma_3$)得到的关系曲线。分别对图 3.30(a)和(b)中试验数据进行线性拟合,可得到不同热处理温度条件下 σ_3 随($\sigma_1-\sigma_3$)和($\sigma_1+\sigma_3$)变化的直线斜率和截距,分别记为(k_1,b_1)和(k_2,b_2)。可以由拟合曲线得到函数关系式(3.9)和式(3.10):

$$\sigma_1-\sigma_3=k_1\sigma_3+b_1 \qquad (3.9)$$

$$\sigma_1+\sigma_3=k_2\sigma_3+b_2 \qquad (3.10)$$

联立式(3.8)～式(3.10)，可求得岩石的黏聚力(c)和内摩擦角(φ)与(k_1,b_1)和(k_2,b_2)的关系：

$$\varphi = \arcsin\left(-\frac{k_1}{k_2}\right) \tag{3.11}$$

$$c = \frac{1}{2\cos\varphi}b_1 - \frac{k_1}{2k_2\cos\varphi}b_2 \tag{3.12}$$

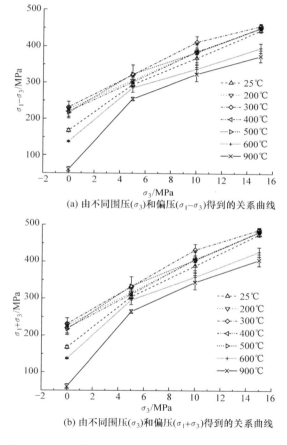

(a) 由不同围压(σ_3)和偏压($\sigma_1-\sigma_3$)得到的关系曲线

(b) 由不同围压(σ_3)和偏压($\sigma_1+\sigma_3$)得到的关系曲线

图 3.30　由不同 σ_3 和 $\sigma_1-\sigma_3$、$\sigma_1+\sigma_3$ 得到的关系曲线

根据函数关系式(3.8)～式(3.12)可求得高温水冷后花岗岩黏聚力和内摩擦角，如表 3.9 所示。图 3.31 为计算求得的黏聚力和内摩擦角随热处理温度的变化曲线。

表 3.9　不同温度水冷后花岗岩的 c、φ 变化规律

温度	25℃	200℃	300℃	400℃	500℃	600℃	900℃
	19.40012	28.2455	26.2648	26.5650	26.1831	17.3652	7.8924
c/MPa	20.7181	28.1387	28.9054	28.6294	28.8764	15.8026	8.4948
	20.2980	29.3753	32.5797	26.5839	26.7549	18.3354	9.4449
	64.5686	62.4367	63.6372	62.7729	62.8105	64.5552	67.0874
φ/(°)	63.9225	61.9454	62.6854	61.8360	61.4020	65.9654	66.7658
	65.0532	61.4260	60.9859	62.3008	62.6978	63.6759	66.5201

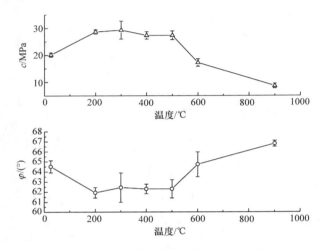

图 3.31　强度参数随热处理温度的变化曲线

由图 3.31 可以看出,热处理温度为 200~500℃时,经过高温热处理后的花岗岩的黏聚力接近 30MPa,而内摩擦角则约为 62°。花岗岩岩石内部晶粒受热膨胀,使得岩石内部原生裂隙得到压密闭合,热处理温度为 25~200℃时,黏聚力和内摩擦角分别出现增大和减小趋势。由于岩石的塑性硬化效应,高温热处理后的花岗岩在热处理温度为 200~500℃时,黏聚力和内摩擦角变化程度不明显。当热处理温度高于 500℃时,岩石内部结构在高温状态下产生严重的劣化,使得黏聚力和内摩擦角分别出现明显的降低和升高。

3.3.4　试验数据分析

综合上述试验结果可知,随着高温水冷处理过程中加热温度的升高,花岗岩的物理力学参数表现出不同的演化规律,本节将综合分析上述参数演化的内在机理,并根据已有文献资料分析高温对花岗岩力学性质的影响,并通过已有文献比较不同高温冷却方式(高温水冷和高温自然冷却)对花岗岩的影响。

1. 各参数的演化规律

1) 导热系数、纵波波速和渗透率

随着热处理温度的提高,高温遇水冷却后花岗岩的导热系数和纵波波速呈减小趋势;热处理温度为 25～500℃时,高温水冷后花岗岩的渗透率随热处理温度的提高增加的程度不明显,当温度高于 500℃时,渗透率显著增大。图 3.32 为孔隙度和渗透率变化对比曲线。可以看出,渗透率与孔隙度随温度升高有相同的变化趋势,当热处理温度低于 500℃时,渗透率和孔隙度随温度变化不明显;当热处理温度高于 500℃时,渗透率和孔隙度均随温度的升高有明显的增加态势。由此说明,渗透率和孔隙度之间存在一定的相关性。

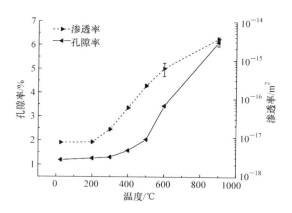

图 3.32　孔隙度和渗透率变化对比曲线

2) 初始切线模量

单轴压缩条件下,热处理温度对初始切线模量影响显著:①热处理温度为 25～900℃时,初始切线模量随热处理温度的升高呈单调递减;②热处理温度高于 500℃时,初始切线模量相对于低温状态呈现明显的降低趋势。

图 3.33 为初始切线模量和纵波波速随热处理温度变化的对比曲线。可以看出,随着热处理温度的升高,初始切线模量和纵波波速均出现单调降低。热处理温度低于 500℃时,初始切线模量相对变化幅度不大,与初始切线模量相似,纵波波速在热处理温度低于 400℃时减小的幅度不大,说明此时试件内部温度裂隙的发展相对于高温状态时较慢,这主要是由于试件在水冷条件下外表面在迅速冷却后产生的塑性硬化使得内部的密实度增加,导致初始切线模量和纵波波速在低温状态下变化不明显。初始切线模量在热处理温度高于 500℃时出现明显的降低,纵波波速在热处理温度高于 400℃时出现明显的降低,这是由于高温状态时,温度产生的热应力已经超过岩石外表面的极限强度,使得外表面对试件内部的限制作用

减弱,导致初始切线模量和纵波波速均出现大幅下降。由此可见,初始切线模量和纵波波速有一定的联系。

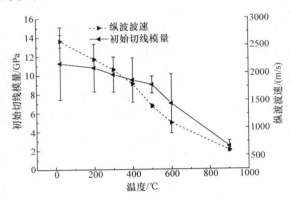

图 3.33　初始切线模量和纵波波速随热处理温度变化的对比曲线

3) 杨氏模量

随着热处理温度的升高,花岗岩的杨氏模量发生显著的变化:

(1) 当热处理温度低于 200℃时,随着热处理温度的升高,峰值强度和杨氏模量略有升高。这主要是因为在骤冷条件下,岩石外表面的骤冷硬化限制了岩石内部的变形,使岩石密实度增加,故杨氏模量得到一定程度的增大。

(2) 热处理温度为 200~500℃时,随着热处理温度的升高,峰值和杨氏模量出现小幅度波动,没有明显的变化趋势。这主要是因为热处理温度为 200~500℃时,岩石内部产生的热应力并未高于岩石外表面极限强度,外表面对岩石内部由热膨胀产生的变形起到一定程度的限制作用,因此杨氏模量变化趋势不明显。

(3) 热处理温度为 500~600℃时,峰值强度和杨氏模量出现大幅降低。这主要是因为 500℃为高温遇水冷却后花岗岩的门槛值温度,当热处理温度高于门槛值温度时,会导致花岗岩试样产生大量的裂隙,使得杨氏模量出现大幅降低。

(4) 热处理温度高于 600℃时,随着围压的提高,花岗岩的峰值强度和杨氏模量降低的趋势变缓,这主要是因为高温处理后的花岗岩试样内部产生了大量的温度裂隙,围压的存在使试样内部密实程度加深,减小了高温对花岗岩的劣化程度。

支乐鹏等[13]在研究高温后花岗岩冲击破坏行为及波动特性研究中也得出同样的演变趋势。支乐鹏指出,在较低温度下(110℃左右以下),随热处理温度的升高,花岗岩的峰值强度,呈增长的态势,600~800℃存在花岗岩的一个阈值温度,当热处理温度超过阈值温度,峰值强度出现明显的降低。Shao 等[14]指出,高温自然冷却后的花岗岩的杨氏模量在 400℃之前随着热处理温度的升高逐渐增大,热处理温度高于 400℃时杨氏模量随热处理温度的升高逐渐降低。

4) c、φ 值

热处理温度对高温状态遇水冷却的花岗岩试样的力学性质会产生很大的影响。当热处理温度为 25～200℃时,随着热处理温度的升高,c 值呈增大的趋势;当热处理温度为 200～500℃时,c 值随温度的变化不大;当温度升高到 600℃以后,随着热处理温度的升高,c 值出现明显的降低趋势,而 φ 值随热处理温度的变化上下波动,没有明显的趋势。故认为当热处理温度为 200℃时,花岗岩的黏聚力得到了加强,500℃为高温遇水冷却后花岗岩黏聚力出现劣化的阈值温度。由于花岗岩是由矿物颗粒和颗粒间的胶结物黏结而成的材料,力作用于花岗岩材料时,一部分由颗粒与胶结物之间的黏聚力承担,另一部分则由颗粒与颗粒之间的摩擦力承担,俗称双强度材料。因此,当温度升高时,矿物颗粒和颗粒间胶结物都出现一定程度的膨胀,使得花岗岩的密实程度增加,这样花岗岩矿物颗粒之间的黏聚力得到了一定程度的加强,但当热处理温度超过阈值温度 500℃时,认为黏聚力出现了大幅劣化,作用在花岗岩试样上的荷载主要由颗粒与颗粒之间的摩擦力承担。

值得注意的是,热处理温度为 25～900℃时,导热系数、纵波波速、渗透率和初始切线弹性模量随热处理温度的变化都呈单调性递增(减),而对于峰值强度、杨氏模量和黏聚力,在 25～200℃温度加载区间呈一定程度的增长,在热处理温度为 200～500℃时变化不大,在热处理温度为 500～600℃时出现明显的降低。产生这种随温度变化不一致的原因在于,将高温状态的花岗岩迅速置于水中时,花岗岩外表面的岩层迅速冷却,塑性强化效应使得外表面的强度得到迅速提高,试样内部在急剧冷却过程中热量并不和试样外表面出现同步冷却,由于热膨胀产生的变形受到试样外表面岩层的束缚,内部的密实程度增加,但是密实程度增加的同时也会有一定量的热裂隙面产生,这样使得导热系数、纵波波速和初始切线弹性模量在整个温度加载区间(25～900℃)的变化都呈单调性递增(减),在热处理温度为 25～200℃时,峰值强度、杨氏模量和黏聚力出现增长。

2. 矿物颗粒在高温状态下的演化规律

花岗岩试样是由多种矿物颗粒和胶结物黏结而成的介质材料,高温状态下矿物颗粒的规律性变化势必对花岗岩岩体产生很大的影响。对于高温状态下矿物颗粒的演化规律,国内外学者做了大量研究,也得出了一些结论。Xu 等[15]指出在热处理温度低于 800℃时,辉石发生多晶型转变①,由单斜晶系 β 型转变为四方晶系 α

---

① 晶型转变:在某一固定的温度和压力下,晶体的稳定晶型是唯一的,具有在该环境条件下熵值最小、溶解度最小、熔点最高和化学性质最稳定的特点,当环境改变时,晶体会自发地向最稳定的晶型转变。

型,其衍射强度增强,而其他主要矿物没有发生明显变化,花岗岩力学性质没有发生明显变化。当热处理温度高于 800℃时,长石发生多晶型转变,衍射强度降低,从而导致力学性质下降。孙强等[16]提出,组成花岗岩的主要矿物石英在温度为 573℃时会发生 α 相向 β 相的转变,在转变的过程中岩石的体积出现膨胀,微裂隙大量增加。

本试验中,当热处理温度高于 500℃时,花岗岩的峰值强度、杨氏模量等出现显著劣化,从矿物颗粒本身的演化方面来讲,可能是在 500℃附近,花岗岩中的石英出现了 α 相向 β 相的转变以及辉石由单斜晶系 β 型转变为四方晶系 α 型,导致微裂隙大量产生,从而加剧了花岗岩试样内部的微裂隙产生,使得性能的劣化加剧。

3. 高温水冷花岗岩与常温冷却花岗岩的比较

关于高温状态水冷和高温状态自然冷却花岗岩在力学性能方面的差异,Brotóns 等[17]通过试验表明,经过高温水冷后花岗岩的杨氏模量和孔隙度随热处理温度的升高变化率比自然状态下冷却花岗岩的杨氏模量和孔隙度的变化率要偏大,并指出产生这种差异的原因在于高温自然冷却中的花岗岩温度裂隙的扩展和尺寸增加都受到了限制。图 3.34(a)和(b)为单轴压缩试验得到的峰值强度和杨氏模量归一化曲线,纵坐标数值为 C/C_0(或 E_i/E_{25}),其中 C(或 E_i)为某一热处理温度处理后对应的花岗岩的峰值强度(或杨氏模量),C_0(或 E_{25})为热处理温度为 25℃对应花岗岩的峰值强度(或杨氏模量)。其中,Brotóns 等[17]、Dwivedi 等[18]和 Ranjith 等[19]的试样均为高温条件下自然冷却。从图 3.34 可以看出,经过高温水冷后的花岗岩试样在单轴压缩条件下的峰值强度和杨氏模量随温度的变化规律与高温条件下自然冷却后试样的变化规律存在相似之处。还可以看出,高温水冷后的花岗岩杨氏模量在 600℃时出现大幅度下降,下降率明显高于其余两组高温后自然冷却的花岗岩,这和 Brotóns 等[17]得出的结果相同,也说明了高温水冷后的花岗岩的在热处理温度为 600℃时出现了明显的劣化。

表 3.10 为孔隙度随热处理温度变化关系的数据,其中,ϕ 为本试验中通过高温遇水冷却后花岗岩孔隙度变化数据,$\phi_1-\phi_2$ 表示文献[15]和[20]中关于高温自然冷却后花岗岩孔隙度变化的数据。图 3.35 为高温处理后花岗岩孔隙度变化率曲线。可以看出,本试验采用的花岗岩经高温水冷后的孔隙度变化率和文献[15]和[20]中高温状态自然冷却花岗岩孔隙度的变化率具有相似的变化规律,没有显示出高温水冷与高温自然冷却过程中孔隙度的差异性变化。

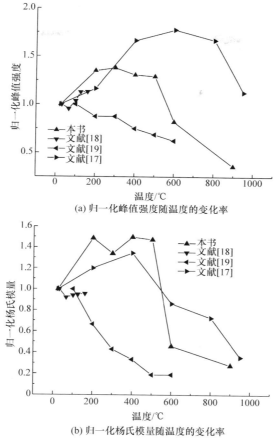

(a) 归一化峰值强度随温度的变化率

(b) 归一化杨氏模量随温度的变化率

图 3.34　高温处理后归一化花岗岩峰值强度和杨氏模量变化率曲线

表 3.10　孔隙度随热处理温度变化表

温度/℃	25	105	200	300	400	500	600	800	900
ϕ/%	1.19	—	1.25	1.30	1.58	2.04	3.45	—	6.13
ϕ_1[20]/%	—	0.68	0.71	0.81	0.91	1.10	2.85		
ϕ_2[15]/%	0.873	0.736	1.008	1.411		1.327	—	3.818	

　　综合以上分析并结合影响岩石力学性质的主要参数峰值强度、杨氏模量和孔隙度高温经过两种不同冷却方式后的演化规律可以得出,高温经过水冷后的花岗岩在 600℃时产生明显的劣化。而相对于高温自然冷却后的花岗岩裂隙开展,高温水冷后花岗岩并未表现出明显不同。结论与 Brotóns 等[17] 的结论部分相符,与 Brotóns 等[17] 并不完全吻合的原因一方面源于用于对比的试验试样不同,这在很大程度上造成了试验的差异性;另一方面源于试验操作方法的不同。

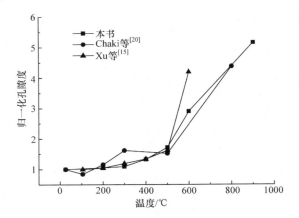

图 3.35　高温处理后花岗岩孔隙度的变化率曲线

3.4　本 章 小 结

　　本章主要为经历高温快速水冷后花岗岩物理参数试验研究,通过对热处理后的花岗岩密度、孔隙度、纵波波速、导热系数和矿物成分分析可知,在高温水冷后花岗岩内部产生了大量的温度裂隙,随着热处理温度越高,微裂隙越发育。宏观表现为花岗岩的孔隙度随热处理温度的提高呈增大的趋势,纵波波速和导热性逐渐减低,渗透性逐渐提高。同时,研究了花岗岩在 TM 耦合条件下的常规物理力学性质,利用常规试验方法测量了经过高温热处理后的花岗岩的物理参数,如干密度、孔隙度等。利用常规三轴试验,得到了经历高温热处理后花岗岩的应力-应变曲线,从试验曲线中可以得到花岗岩的峰值强度、杨氏模量和泊松比。利用莫尔-库仑屈服准则,可以计算出经历不同温度处理后的花岗岩的强度参数(内摩擦角和黏聚力)。

　　本章主要结论如下:

　　(1) 随着热处理温度的提高,经历高温快速水冷后花岗岩的干密度、饱和密度逐渐降低。在热处理温度低于 500℃时,干密度和饱和密度降低的幅度不明显;热处理温度高于 600℃时,干密度和饱和密度出现明显的降低。随着热处理温度的提高,孔隙度逐渐升高,热处理温度高于 600℃后,孔隙度增加较快。纵波波速和导热系数随热处理温度的提高呈现降低的趋势,在热处理温度低于 500℃时,纵波波速和导热系数的降低幅度较大,高于 600℃时幅度减小。这可能是由于矿物颗粒在高温状态发生一定的物理化学变化,使得在岩体内部发生劣化的同时,纵波波速和导热系数并不产生变化。经历高温快速水冷后花岗岩的渗透性随热处理温度的提高逐渐增大,热处理温度高于 600℃时,渗透率变化幅度明显。通过 X 射线衍射试验和 SEM 试验可从微观角度看出热处理温度对花岗岩产生的劣化影响。

　　（2）高温水冷后的花岗岩三轴抗压强度随加载温度的提高呈降低趋势，破坏形式由脆性破坏向延性破坏转变；高温水冷后的花岗岩内部纵波波速随加载温度的提高呈减小趋势，600℃是高温水冷花岗岩的纵波波速的门槛值，加载温度低于600℃时，随加载温度的提高，纵波波速下降迅速；加载温度高于600℃时，随加载温度的提高，纵波波速下降趋势变缓。高温水冷后的花岗岩体积压缩模量随热处理温度的提高逐渐减小，压缩性逐渐提高。

　　（3）高温水冷后的花岗岩黏聚力在600℃之前没有明显的变化，高于600℃后下降显著；内摩擦角与温度的相关度不高；杨氏模量在加载温度低于600℃时变化微小，高于600℃时显著减小；导热系数随加载温度的升高呈降低趋势。

　　（4）500～600℃为高温水冷后花岗岩的阈值温度，当加载温度低于阈值温度时，力学性能变化不明显，当加载温度高于阈值温度时，力学性能变化显著。

参 考 文 献

［1］刘铁雄，韩金田，彭振斌. 灰岩模拟试验中各弹性参数关系研究［C］//全国土工测试学术研讨会，北京，2005.

［2］马礼敦. X 射线晶体学的百年辉煌［J］. 物理学进展，2014，（2）:47-117.

［3］庞小丽，刘晓晨，薛雍，等. 粉晶 X 射线衍射法在岩石学和矿物学研究中的应用［J］. 岩矿测试，2009，28（5）:452-456.

［4］黄华，郭灵虹. 晶态聚合物结构的 X 射线衍射分析及其进展［J］. 化学研究与应用，1998，（2）:118-123.

［5］张新言，李荣玉. 扫描电镜的原理及 TFT-LCD 生产中的应用［J］. 现代显示，2010，21（1）:10-15.

［6］金嘉陵. 扫描电镜分析的基本原理［J］. 上海钢研，1978，（1）:31-47.

［7］邹春艳，罗蓉，李子荣，等. 电镜扫描在碎屑岩储层粘土矿物研究中的应用［J］. 天然气勘探与开发，2005，28（4）:4-8.

［8］Gueguen Y，Dienes J. Transport properties of rocks from statistics and percolation［J］. Mathematical Geology，1989，21（1）:1-13.

［9］Alhomadhi E S. New correlations of permeability and porosity versus confining pressure，cementation，and grain size and new quantitatively correlation relates permeability to porosity［J］. Arabian Journal of Geosciences，2014，7（7）:2871-2879.

［10］蔡美峰. 岩石力学与工程［M］. 北京:科学出版社，2013.

［11］冯增朝，赵东，王江芳. 静水压力状态下岩石的应力分布特性［C］//第十一次全国岩石力学与工程学术大会，武汉，2010.

［12］郑颖人，孔亮. 岩土塑性力学［M］. 北京:中国建筑工业出版社，2010.

［13］支乐鹏，许金余，刘志群，等. 高温后花岗岩冲击破坏行为及波动特性研究［J］. 岩石力学与工程学报，2013，32（1）:135-142.

[14] Shao S, Wasantha P L P, Ranjith P G, et al. Effect of cooling rate on the mechanical behavior of heated Strathbogie granite with different grain sizes[J]. International Journal of Rock Mechanics and Mining Sciences, 2014, 70(9): 381-387.

[15] Xu X L, Kang Z X, Ji M, et al. Research of microcosmic mechanism of brittle-plastic transition for granite under high temperature[J]. Procedia Earth & Planetary Science, 2009, 1(1): 432-437.

[16] 孙强,张志镇,薛雷,等. 岩石高温相变与物理力学性质变化[J]. 岩石力学与工程学报, 2013, 32(5): 935-942.

[17] Brotóns V, Tomás R, Ivorra S, et al. Temperature influence on the physical and mechanical properties of a porous rock: San Julian's calcarenite[J]. Engineering Geology, 2013, 167(4): 117-127.

[18] Dwivedi R D, Goel R K, Prasad V V, et al. Thermo-mechanical properties of Indian and other granites[J]. International Journal of Rock Mechanics and Mining Sciences, 2008, 45(3): 303-315.

[19] Ranjith P G, Viete D R, Chen B J, et al. Transformation plasticity and the effect of temperature on the mechanical behaviour of Hawkesbury sandstone at atmospheric pressure[J]. Engineering Geology, 2012, 151: 120-127.

[20] Chaki S, Takarli M, Agbodjan W P. Influence of thermal damage on physical properties of a granite rock: Porosity, permeability and ultrasonic wave evolutions[J]. Construction & Building Materials, 2008, 22(7): 1456-1461.

第 4 章 花岗岩流变特性研究

4.1 引   言

地下工程围岩结构经常与地下水环境接触,地下水中的一些离子往往会与围岩产生水-岩作用;同时,一些人工材料(如混凝土、注浆、膨润土等)也会对围岩结构产生侵蚀作用。在长期使用年限范围内,地下工程不仅要求围岩结构在建造初期具有足够的承载能力,更为重要的是,在长期的侵蚀性环境中其性能退化也必须满足一定的要求。具有侵蚀性的环境对围岩的物理力学性能(弹性模量、泊松比、渗透性等)具有强烈的影响。在长期条件下,应力作用的影响和化学侵蚀的影响表现出相互促进的趋势,从而加剧应力作用和化学侵蚀的影响,这种耦合作用可能造成地下工程围岩结构的失稳,产生严重的后果。因此,不能进行简单的叠加,必须考虑两者的耦合效应。

王伟等[1]开展了化学侵蚀后花岗岩的三轴力学特性试验研究,探讨了不同pH化学溶液对花岗岩强度和变形的影响,并且进一步分析了化学溶液对花岗岩的腐蚀机制。申林方等[2]开展了单裂隙花岗岩在 HMC 耦合下的试验研究,探讨了花岗岩在 HMC 耦合下的综合影响机制,提出酸性化学试剂对矿物颗粒及裂隙面的改造作用显著。Polak 等[3]开展了 HMC 腐蚀作用对裂隙渗透性影响的试验研究,揭示了岩石的渗透率随应力-化学(mechanical-chemical,MC)腐蚀耦合作用下时间效应的变化规律。Hu 等[4]开展了基于水泥材料的 MC 耦合作用的短期和长期响应研究,建立了一种基于水泥材料的 MC 耦合模型,揭示了水泥材料在经历硝酸铵腐蚀后流变速率的演化规律。姚华彦等[5]对岩石 MC 耦合效应国内外研究进展进行了综述,提出岩石在 MC 耦合效应下的复杂性,总结了国内外关于该问题的耦合模型。李宁等[6]通过对不同 pH 酸性溶液腐蚀砂岩的研究,提出了砂岩在不同酸性溶液中的化学损伤模型。然而,实际工程中围岩赋存地下水环境非常复杂,其 pH 范围较大,岩石中不同矿物成分与酸性和碱性溶液的化学反应机理不同。此外,化学侵蚀是一个相对长期的过程,由于时间的限制,MC 侵蚀耦合作用下的流变试验方面的研究成果还较少。

此外,如第 3 章所述,高温处理会造成花岗岩的力学性能产生劣化,使弹性参数、强度参数出现下降。在深部巷道开挖工程和核废料深部地质处置库中,围岩往往要经受高温的作用,但对这种高温作用后围岩长期的力学行为演化机理的研究还较少。本章拟对高温处理后完整花岗岩和含裂隙花岗岩进行流变试验,其中,针对含裂隙花岗岩进行流变试验时,还向试样内部注入化学溶液,从而揭示高温热处理和 MC 耦合作用对花岗岩长期力学行为的影响规律,为围岩结构长期稳定性的预测分析提供可靠的科学依据。

4.2　试　验　准　备

4.2.1　试样的制备

试验岩样选用湖北省大别山区的新鲜花岗岩,岩样致密,宏观均匀性好,通过 X 射线衍射试验分析得到其主要的矿物成分及质量分数分别为石英 8.87％、钠长石 21.05％、钾长石 45.19％、云母 23.05％,具体组分含量如表 4.1 所示。天然密度为 2.6082g/cm³,孔隙度为 0.00192。首先将岩块加工成直径 50mm、高度 100mm 的圆柱形试件。每个试件的加工精度(包括平行度、平直度和垂直度)均控制在《水利水电工程岩石试验规程》(SL 264—2001)规定范围之内。

表 4.1　花岗岩主要矿物成分含量

物相	绿泥石	石英	钠长石	云母	钾长石	方解石
含量/％	1.66	8.87	21.05	23.05	45.19	0.17

4.2.2　试验设备

本试验在自主研制的岩石 THMC 全耦合多功能试验系统上完成。该试验系统可以进行 THMC 腐蚀全耦合的岩石三轴流变试验,还可以进行 THMC 全耦合或局部耦合条件下的岩石常规三轴力学试验,是一种具有多种功能的试验系统。该系统全部的渗透管路均采用不锈钢材质,防止渗流溶液的腐蚀。试验系统具有应力控制、应变控制和流量控制三种控制方式。围压、偏压和孔隙压力分别由三个液压伺服泵控制,精度为 0.01MPa。轴向变形通过高精度 LVDT 进行测量,测量范围为±5mm,精度为 0.001mm;侧向变形采用两个粘贴在梁式弹簧片上的全桥电路进行测量,精度为 0.001mm。图 4.1 为该试验系统中的三轴压力室的示意图。

4.2.3　化学溶液配制

为了研究不同 pH 条件下花岗岩 MC 侵蚀耦合特性,并考虑该花岗岩中主要的矿物成分,试验采用两种 pH 的化学溶液,分别为 pH＝2 的稀硫酸溶液和 pH＝12 的氢氧化钠溶液,以便在较短的时间内获得应力-化学侵蚀耦合作用对花岗岩力学行为的影响。

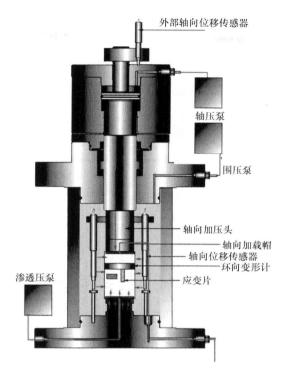

图 4.1　三轴流变试验机三轴压力室示意图

4.3　三轴压缩试验

首先进行常规三轴压缩试验,从而获得不同围压下的峰值强度,为后续的流变试验施加长期应力的大小提供依据。然后进行不同围压条件下的三轴压缩试验,围压选为 0、5MPa 和 10MPa。不考虑温度的影响,因此实验室温度设定为 25℃。

图 4.2 为不围压条件下花岗岩的应力-应变曲线。表 4.2 为不同围压条件的试件峰后残余强度,可以发现,花岗岩明显具有脆性岩石的一些基本力学特征:

(1)随着围压的升高,花岗岩的峰值应力增大。5MPa 和 10MPa 围压条件下的峰值应力分别为 400MPa 和 300MPa,单轴峰值应力为 170MPa。其中,单轴峰值强度为围压 10MPa 条件下峰值强度的 42.5%。

(2)随着围压的增大,岩石的破坏方式由脆性向延性过渡。单轴条件下,当应力达到峰值强度之后,花岗岩应力出现迅速跌落,表现出明显的脆性。随着围压的增加,峰后曲线逐渐变缓。

(3)花岗岩破坏后,可以观察到明显的宏观裂纹和微裂纹。随着围压的增大,花岗岩的残余强度呈增长趋势。

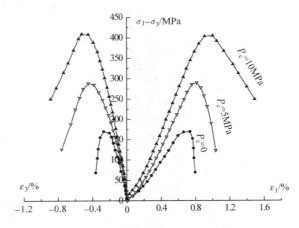

图 4.2　不同围压条件下花岗岩应力-应变曲线

表 4.2　不同围压条件的试件峰后残余强度

围压/MPa	0	5	10
峰值强度均值/MPa	167.5	291.8	368.8
残余强度均值/MPa	34.52	53.2	58.0
a/%	20.6	18.3	15.7
b	1	1.54	1.68

注:a＝峰值强度/残余强度;b＝残余强度/34.52。

　　图 4.3 为不同围压条件下三轴压缩破坏后的花岗岩两种不同类型的破坏形式。单轴情况下,花岗岩破坏形式为典型的横向拉伸破坏,破裂面为张拉型裂隙;在 5MPa 和 10MPa 围压条件下,出现 X 形共轭斜面剪切破坏,破裂面为压剪型裂隙。

　　　　(a) σ_3＝0　　　　　　　　　(b) σ_3＝5　　　　　　　　　(c) σ_3＝10

图 4.3　不同围压条件下三轴压缩破坏后的花岗岩破坏形式

4.4　高温作用后花岗岩流变特性

岩石的变形不仅包括常见的常规力学试验中呈现的弹性和塑性变形,也具有流变性质,即变形考虑时间的影响。流变即保持加载状态中的力不变,变形随时间延长而增长的行为。

本节研究经历高温热处理后的花岗岩在一定应力水平下的流变特性,通过绘制流变曲线,计算出基本的流变参数,为研究花岗岩在高温作用后的流变特性提供可靠的试验支撑。

4.4.1　流变试验方案

在本次流变试验中主要考虑 TM 耦合效应,采用的花岗岩试样经过高温热处理后迅速置于冷水中快速冷却至常温,采用马弗炉对加工完好的花岗岩试样进行高温热处理,加热速率为 5℃/min,加热到温度目标值后恒温 4h。通过 3.2.3 节中SEM 图像,可以清楚地观察到经历高温水冷处理后的花岗岩内部产生了很多温度裂隙,且热处理温度越高,裂隙产生的量就越大。

通过本书第 2、3 章中关于高温迅速水冷后的花岗岩物性试验和常规力学试验可以得出,随着热处理温度的提高,花岗岩内部温度裂隙得到了一定程度的发育,且热处理温度越高,温度裂隙发育程度越强烈。然而,对于核废料深埋地质处置工程以及干热岩工程,往往需要考虑高温作用后花岗岩的长期稳定性能,所以进行高温作用后的花岗岩流变试验具有十分重要的意义。

本次流变试验以花岗岩峰值强度的 70%、80%、90% 和 95% 作为流变应力水平,每级应力水平持续 20 天直至花岗岩试样发生破坏。

考虑到流变时间的长期性,本次流变试验采用应变片采集试样在长期流变下的变形,应变片栅长为 10mm,额定电阻值为 120Ω,电阻基板采用聚酰亚胺树脂,抗弯性能优异,为了在测试过程中保持应变片的绝缘,在粘贴好应变片的试样表面涂抹绝缘硅胶,如图 4.4 所示。

4.4.2　流变试验结果

花岗岩流变试验采用分级加载的试验方法。室内温度保持在 25±0.5℃,采用试样表面粘贴应变片的方法来精确量测花岗岩的轴向变形和环向变形。以下试验数据是基于岩石全耦合流变伺服仪上测量得到的,根据试验数据绘制出流变曲线,分析不同应力条件和不同热处理温度条件下轴向应变和环向应变随时间的变化规律。

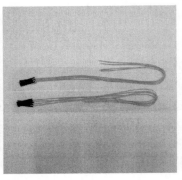

图 4.4 应变片及粘贴好应变片的试样

1. 轴向应变发展规律

图 4.5 为不同热处理温度下花岗岩在不同应力水平时的轴向应变随时间变化的关系曲线。可以看出,轴向应变与应力水平呈正比例关系,即在低应力水平下,花岗岩的轴向应变偏小,随着应力水平的提高,轴向应变量总体上呈增加的趋势。

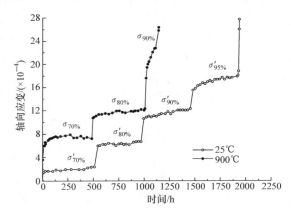

图 4.5 不同热处理温度下花岗岩轴向应变-时间的关系

在低应力水平条件下,流变曲线接近于变形稳定状态,即流变速率 $\dot{\varepsilon}=0$,并且在较长的时间段内,不进入加速流变阶段,流变变形以瞬时变形为主,在经历很短时间后流变变形量收敛,趋于定值。当应力水平较高时(如峰值应力的 90%),出现典型的流变三阶段,即在应力加载初始阶段出现流变速率 $\dot{\varepsilon}$ 由无穷大减小到某一常数;随后出现流变速率 $\dot{\varepsilon}$ 为常数的等速流变阶段;随着时间的延长,出现流变速率由常数逐渐增大至无穷段,即第三阶段流变段(或称加速流变阶段)。

图 4.5 中 σ' 和 σ 分别表示未经历高温热处理的花岗岩无侧限抗压强度和经历

900℃高温热处理后花岗岩无侧限抗压强度。可以看出,花岗岩流变曲线与热处理温度有很大关系,经历高温热处理后的花岗岩更易于发生流变破坏,且在初始阶段相同比例的应力水平下,未经历高温处理的花岗岩瞬时流变量小于经历 900℃高温热处理后的瞬时流变量。在流变应力水平加载至 90％的无侧限峰值强度时,900℃高温热处理后的花岗岩经历很短时间的等速流变段后迅速进入加速流变段,而未经历高温热处理的花岗岩在此级应力水平下则并未出现加速流变段。

图 4.6 为不同温度热处理后花岗岩的分阶段流变变形-时间曲线,$\sigma_{70\%}$、$\sigma_{80\%}$、$\sigma_{90\%}$、$\sigma_{95\%}$分别表示流变应力水平为无侧限峰值应力的 70％、80％、90％、95％。可以看出,在低应力水平下,流变曲线趋势一致,分为初始流变阶段和流变速率为 0 的等速流变阶段。当应力水平较高时,高温热处理后的花岗岩试样轴向应变增加迅速,出现了流变稳定阶段和流变加速段,而未经高温热处理的花岗岩试样在流变应力水平接近峰值应力时出现瞬间破坏,具有较强的脆性。

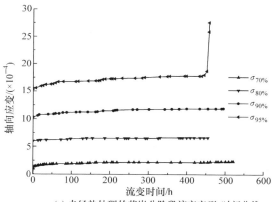

(a) 未经热处理的花岗分阶段流变变形-时间曲线

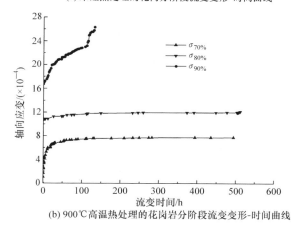

(b) 900℃高温热处理的花岗岩分阶段流变变形-时间曲线

图 4.6　不同温度热处理后花岗岩分阶段流变变形-时间曲线

　　图4.7给出了由不同温度热处理后花岗岩流变历时曲线得到的流变速率和时间关系曲线。可以看出,经过高温热处理的岩石流变特征明显,在低应力水平下流变速率历时曲线上可以看到流变速率的衰减段和稳定段,在高应力水平下出现流变速率的上升段。未经历热处理的花岗岩在低应力水平出现相同的流变速率衰减段和稳定段,在接近破坏时出现明显的流变速率突变现象。

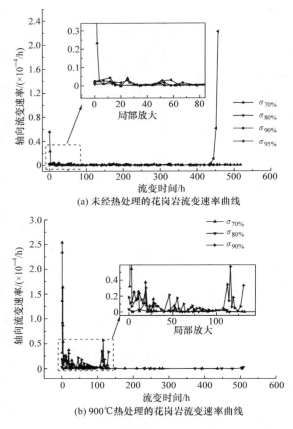

(a) 未经热处理的花岗岩流变速率曲线

(b) 900℃热处理的花岗岩流变速率曲线

图4.7　流变速率和时间关系曲线

　　从流变速率和时间关系曲线中可以看到流变速率数据点存在波动现象,主要是岩石内部晶粒重新排列和应力重新组合造成的。岩石的流变试验实质是岩石损伤累积的过程,岩石内部的颗粒通过颗粒间胶结物黏结。在流变过程中,颗粒间的胶结物在力的作用下会出现摩擦滑移并且伴随微裂隙的产生。由于岩石类材料属于双强度材料,应力由颗粒间胶结物的黏聚力和颗粒与颗粒间的摩阻力承担,因此流变过程中会出现应力重组现象。

2. 环向应变发展规律

图 4.8 为不同温度热处理后环向应变随流变时间的变化关系。从流变曲线的波动可以看出,花岗岩在恒定应力水平下,岩石内部承载能力随时间延长不断弱化损伤调整,与轴向应变相比,在低应力水平,环向流变的变形不明显。当达到破裂应力水平时,则出现迅速的流变变形。

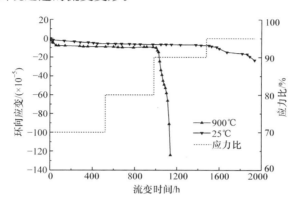

图 4.8　不同温度热处理的花岗岩环向应变随流变时间的变化关系

从图 4.8 可以看出,未经热处理(25℃)的花岗岩试样的环向流变量在流变阶段均小于经 900℃热处理后的花岗岩流变量。经历 900℃高温热处理后的花岗岩在第三级流变应力水平段初期出现第三阶段流变(加速流变阶段)现象,而未经热处理的花岗岩在第三级流变应力水平段末期和第四级流变应力水平段初期出现第三阶段流变现象。

在加速流变阶段,未经热处理的花岗岩试样流变速率远小于经 900℃热处理后的花岗岩试样的流变速率。说明未经高温处理的花岗岩在流变破坏后具有一定的整体性和承载力,而经历高温热处理后的花岗岩则出现脆性破坏现象。

图 4.9 为不同温度热处理花岗岩环向流变速率与时间的关系曲线。可以看出,在初始段两种类型的花岗岩均出现流变速率的衰减,高温处理后的花岗岩流变速率衰减程度大。在中低应力段,两种类型试样的流变速率接近。当应力水平高于 90% 的无侧限抗压强度时,高温处理后花岗岩的流变速率出现大幅度的上升(以压缩增量为正,扩张增量为负,此处流变速率衰减按流变速率绝对值的增减来评价),未经热处理的花岗岩流变率波动程度增加,并不出现突变。

4.4.3　试验结果分析

对比本章中完整花岗岩试样和经历 900℃高温水冷处理后的试样无侧限流变试验可以发现,经历高温热处理的花岗岩试样的流变量要大于未经历高温热处理

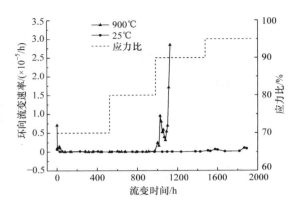

图 4.9　不同温度热处理时花岗岩环向流变速率与时间的关系

的流变量,且更易于出现整体失效,即易于出现加速流变阶段。出现这种特征的主要原因是高温热处理后花岗岩内部晶粒间的黏结力减弱。本节在上述流变试验结果基础上,进一步分析花岗岩流变过程中的变形特性,主要包括温度对岩石流变变形的影响、流变过程中的塑性变形特性,以及应力水平对轴向应变和环向应变的影响。

1. 温度对岩石流变特性的影响

从轴向和环向流变等时曲线可以看出,经过高温热处理的花岗岩在较低的流变应力水平就发生加速流变阶段,且在应力加载初期产生的瞬时流变量比未高温热处理的瞬时流变量大。产生这种差异性的主要原因是热处理后花岗岩内部组分结构发生变化。

一方面,经过高温热处理后,花岗岩内部出现部分物质的相变,使得花岗岩表观颜色出现由蓝灰色向乳白色的转变。例如,石英在 573℃ 左右会发生相变,导致表观颜色发生变化。热处理温度高于 600℃ 时,花岗岩出现大量的微观裂纹,结构从晶态向非晶态转变,这主要是岩石内部矿物颗粒的不均匀变形使得在加热时出现一定的热应力,当热应力高于岩石极限强度时即出现张拉破坏。

另一方面,在热处理温度不高时,矿物颗粒受热膨胀,造成原生裂隙的闭合,使得岩石试样的密实程度增加,对花岗岩试样具有一定的强化效应。

2. 流变过程中的塑性变形特性

由于岩石类材料属于由多种矿物晶粒相互胶结而成的地质材料,因此其内部各处的强度并不均匀。随着荷载的施加,强度较低的连接处会出现局部屈服,宏观上表现为应力-应变曲线偏离直线段。岩石类材料在荷载作用下出现的变形分为弹性变形段和塑性变形段,弹性变形段的斜率为材料的杨氏模量。岩石产生破坏主要源于塑性变形的积累。

3. 应力水平对轴向应变和环向应变的影响

花岗岩流变过程中,流变应力水平对轴向和环向变形具有很大的影响,从图 4.6 和图 4.8 可以发现,轴向应变在不同应力水平施加时会出现应变的分级,即在施加力的瞬间产生瞬时应变,而环向应变则在低应力水平不出现应变的分级,接近流变破坏时才出现加速流变段。

图 4.10 和图 4.11 分别为不同温度热处理后花岗岩流变过程的轴向应变和环向应变关系曲线。可以看出,在低应力水平下,环向应变和轴向应变同步增加,两者接近正线性关系。当应力水平逐渐增加接近破坏应力水平时,环向应变和轴向应变接近指数函数关系。

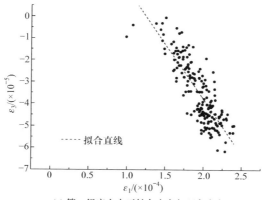

(a) 第一级应力水平轴向应变与环向应变

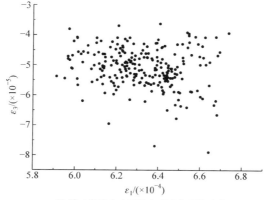

(b) 第二级应力水平轴向应变与环向应变

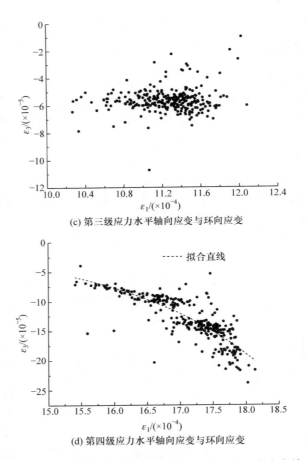

(c) 第三级应力水平轴向应变与环向应变

(d) 第四级应力水平轴向应变与环向应变

图 4.10　完整花岗岩试样流变过程的轴向应变与环向应变关系

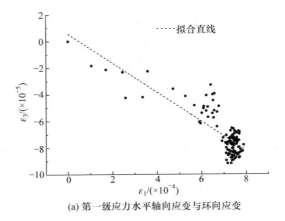

(a) 第一级应力水平轴向应变与环向应变

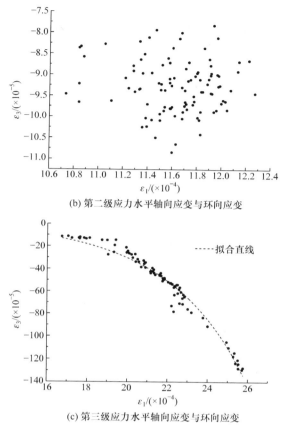

(b) 第二级应力水平轴向应变与环向应变

(c) 第三级应力水平轴向应变与环向应变

图 4.11　900℃热处理后花岗岩流变过程的轴向应变和环向应变关系

　　环向应变和轴向应变关系随流变应力水平增加由同步线性向非线性转变。产生这种现象的原因是花岗岩在初期应力水平时,在应力加载过程中,岩石内部原有的裂隙、节理出现压密和闭合,并不产生大量的损伤,因此轴向应变和环向应变出现同步增长的现象。当在接近屈服应力时,花岗岩试样内部大量微裂隙出现,造成花岗岩试样损伤累积并形成宏观主裂纹。由于花岗岩试样处于无侧限压力状态,因此环向变形的增加速率要略高于轴向变形的增加速率,使得轴向应变和环向应变关系曲线呈现非线性。

4.5　MC 耦合条件下花岗岩流变试验

　　如 4.3 节所述,在三轴压缩试验中,单轴破坏后试样中的裂隙基本上为张拉裂隙,而 5MPa 和 10MPa 围压条件下试样中的裂隙基本上为压剪裂隙。因此,为了比较不同破坏方式产生裂隙的长期变形演化规律以及化学溶液 pH 对含裂隙岩样长期力学特性的影响,对三轴压缩(包括单轴压缩)破坏后的试样进行流变试验并测量其渗透率。试验步骤如下:

(1) 将完整的花岗岩试样置于三轴压力室内进行单轴/三轴压缩试验,采用应变控制的方式加载,使花岗岩试样破坏,并测出其残余强度。

(2) 对单轴/三轴压缩破坏后的试样进行 MC 侵蚀耦合流变试验。其中,为了保证试样和橡胶套之间无渗流介质渗流通过,对单轴压缩破坏后的试样施加 2MPa 的围压;对三轴压缩试验破坏后的试样仍然施加三轴压缩试验时的围压。对单轴/三轴压缩破坏后的试样施加设定的偏应力,偏应力为单轴/三轴压缩条件下残余强度的 70%。然后,保持设定的围压和偏压,进行流变试验。

(3) 通过孔隙压力泵向试样内部注入化学溶液,入口处的渗透压为 1MPa,出口和大气连通。在出口收集化学溶液,并间隔一定的时间测量通过试样内部并从孔隙压力出口渗出的化学试剂的质量,从而测量出渗透率。

试验工况如表 4.3 所示。

表 4.3　试样的试验工况

编号	温度/℃	初始围压/MPa	流变围压/MPa	偏压/MPa	孔隙压力/MPa	渗流溶液	时间/h
L1	25	0	2	34.52	1	H_2SO_4	94.59
L2	25	0	2	34.52	1	NaOH	90.26
L3	25	5	5	48.35	1	H_2SO_4	376.07
L4	25	5	5	58.14	1	NaOH	142.66
L5	25	10	10	52.39	1	H_2SO_4	2735.05
L6	25	10	10	63.62	1	NaOH	699.81

注:L1 和 L2 为无围压下单轴压缩试验,考虑渗流压力影响,长期流变试验的围压为 2MPa。

值得注意的是,破碎后花岗岩裂隙面破坏形式复杂,尤其对于低围压试样,在三轴压缩情况下,围压不足以束缚侧向变形的发展,所以破坏后产生大量的岩石破裂面,岩样破碎得比较完全,很容易刺穿保护在试样外围的橡皮套。对比图 4.12 (a)和(e)不难发现,低围压下花岗岩 MC 耦合的时间相对于高围压较短。另外,流变加载过程中,破碎后的试样通过断裂面上凹凸不平的锯齿形断裂面的咬合来维持其整体性,从而使破碎之后的岩样依然具有一定的残余强度。但是,随着流变的加剧,这些锯齿形的断裂面由于化学试剂腐蚀以及力的长期作用,逐渐失去咬合能力,出现变形突变的试验现象。由图 4.12(e)不难发现,处于碱性环境中的岩样初始阶段轴向变形相对酸性环境中的岩样变形很小,但是由于破裂面的复杂性,在 $t=100h$ 左右时,试样出现变形突变,从而增加了试验的不可预见性和复杂性。

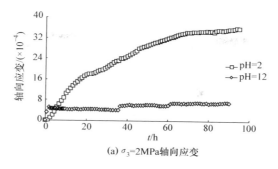

(a) σ_3=2MPa轴向应变

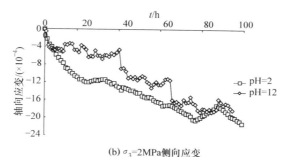

(b) σ_3=2MPa侧向应变

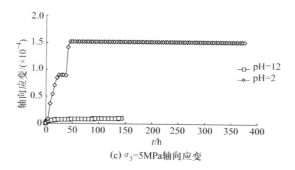

(c) σ_3=5MPa轴向应变

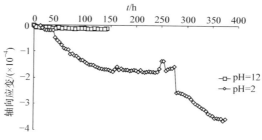

(d) σ_3=5MPa侧向应变

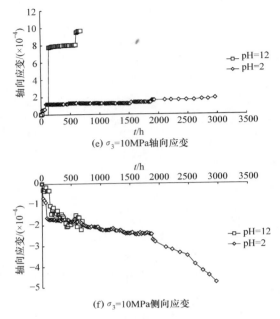

(e) $\sigma_3 = 10MPa$ 轴向应变

(f) $\sigma_3 = 10MPa$ 侧向应变

图 4.12　不同围压条件下花岗岩应力-化学耦合流变曲线

比较图 4.12 不同围压条件下花岗岩应力-化学耦合流变曲线,也可以得出一些规律。从图 4.12(a)~(d)、(f)可以看出,花岗岩处于酸性条件下,变形比处于碱性条件下大。表 4.1 给出了大别山区花岗岩的主要矿物成分。可以看出,钠长石、钾长石和云母的含量占总矿物成分含量的 89.29%。在酸性条件下,长石和云母都出现一定程度的溶解[7,8],见式(4.1)~式(4.3)。

钠长石遇酸:

$$NaAlSi_3O_8 + 4H^+ + 4H_2O = Al^{3+} + 3H_4SiO_4 + Na^+ \tag{4.1}$$

钾长石遇酸:

$$KAlSi_3O_8 + 4H^+ + 4H_2O = Al^{3+} + 3H_4SiO_4 + K^+ \tag{4.2}$$

云母遇酸:

$$KAl_3SiO_{10}(OH)_2 + 10H^+ = 3Al^{3+} + 3SiO_2 + K^+ + 6H_2O \tag{4.3}$$

在碱性条件下,主要是石英出现一定程度的化学反应,见式(4.4)。但相对于长石和云母的含量,石英的含量很少,所以在 MC 耦合条件下,酸性溶液中的花岗岩出现劣化的程度要比碱性溶液中的花岗岩劣化程度深。

$$SiO_2 + 2NaOH = Na_2SiO_3 + H_2O \tag{4.4}$$

花岗岩在破坏之后,内部出现大量的破裂面。在化学腐蚀下,破裂面周围的矿物出现溶解现象。相对于酸性条件,碱性环境下的破裂面并未出现大量的腐蚀溶解。

通过比较不同围压下的酸(碱)化学腐蚀的花岗岩流变曲线可以得出,随着围压的增长,花岗岩维持其整体性的能力不断增加。

　　表 4.4 为 MC 耦合下渗透率随围压和 pH 变化的试验数据,其中,渗透率为渗流液体的渗流速率达到稳定时计算得到的渗透率平均值。渗透率测试采用稳态法,所用到的设备为高精度电子天平(精度为 0.0001g)和烧杯,通过量测从渗流管中渗流出的渗流液体的流量,利用达西定律可计算出试样的渗透率[9],如式(4.5)所示:

$$k=\frac{Q\mu L}{\Delta pA} \tag{4.5}$$

式中,k 为渗透率,m^2；Q 为流量,m^3/s^{-1}；μ 为流体动力黏滞系数,$Pa \cdot s$；L 为试样长度,m；Δp 为水头压力,Pa；A 为试样截面面积,m^2。

　　从表 4.4 可以看出,相比于碱性渗透介质,酸性渗透介质时的渗透率更大,这正符合上述物理力学试验的结果,说明花岗岩与酸性溶液的化学反应强于花岗岩与碱性溶液的化学反应。

表 4.4　MC 耦合条件下含裂隙花岗岩渗透率随围压和 pH 变化的试验数据

编号	渗流溶液	pH	流变围压/MPa	孔隙压力/MPa	渗透率/($\times10^{-18}m^2$)
L1	H_2SO_4	2	2MPa	1	887.319
L2	NaOH	12	2MPa	1	879.42
L3	H_2SO_4	2	5MPa	1	25.564
L4	NaOH	12	5MPa	1	5.143
L5	H_2SO_4	2	10MPa	1	4.833
L6	NaOH	12	10MPa	1	2.352

　　SEM 技术作为研究岩石细观结构的重要手段之一,通过观察岩石破裂面的细观形貌特征,可以分析岩石的破裂形式,为理论研究提供依据[10]。

　　图 4.13 为不同围压条件下 MC 耦合流变试验试样 SEM 图。可以看出,渗透液为酸性时的破裂面较渗透液为碱性时的破裂面光滑,以围压为 5MPa 的流变试验 SEM 图为例,酸性环境下的破裂面与碱性环境下的破裂面有较大的差别,碱性环境下的破裂面粗糙,并有少量棱角,酸性环境下的破裂面则光滑。另外,随着围压的不断增大,破裂面的微观形态也发生明显的变化。从破裂面可以看出,随着围压的升高,破裂面越来越粗糙。这种微观形态的变化规律合理地解释了前述试验的宏观现象,随着围压的升高,花岗岩破坏形式由张拉型向剪切型转变,张拉型破坏的裂隙面大致平行于最大主应力方向,故其破裂面光滑,而剪切型破裂面与最大主应力的法平面形成一定的夹角,破裂面上出现大量剪切断裂。处于酸性环境中的花岗岩与酸发生反应[式(4.1)～式(4.3)],劣化度较高,而花岗岩中石英的含量相对于长石和云母较少,因此碱性环境中花岗岩与渗透液的化学反应程度较弱(式 4.4),劣化度相对较低。

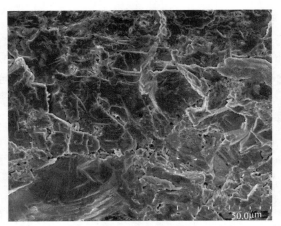

(a) σ_3=2MPa,pH=2渗透液

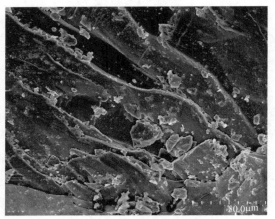

(b) σ_3=2MPa,pH=12渗透液

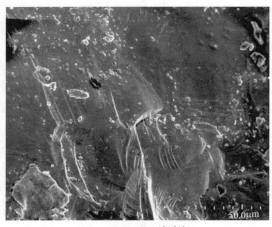

(c) σ_3=5MPa,pH=2渗透液

(d) σ_3=5MPa,pH=12渗透液

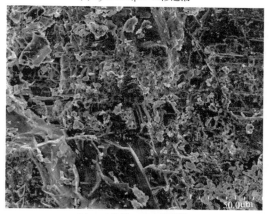

(e) σ_3=10MPa,pH=2渗透液

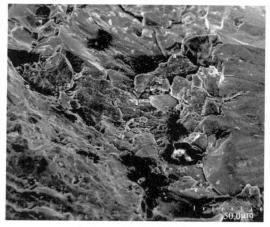

(f) σ_3=10MPa,pH=12渗透液

图 4.13 不同围压条件下 MC 耦合流变试验试样 SEM 图

4.6　本章小结

本章通过研究高温作用后完整花岗岩和化学溶液侵蚀下裂隙花岗岩的流变特性,得出以下几点结论:

(1) 高温作用后花岗岩试样的流变变形大于天然花岗岩的流变变形,高温作用后花岗岩试样较低应力水平即出现第三阶段流变。

(2) 处于不同围压下的花岗岩试样,峰后残余强度与围压的增长成正比例关系;且花岗岩试样的破坏形式随围压的增加由脆性向延性转变。

(3) 酸性渗透介质对花岗岩的腐蚀劣化程度强于碱性渗透介质,围压对花岗岩长期力学性能影响显著,随着围压的提高,含裂隙花岗岩出现整体性破坏所需要的时间会更长。

花岗岩的长期力学性能研究所需时间周期相对于短期力学研究长很多。因此,对于花岗岩多场耦合的流变性能研究,目前国内还很少,尤其考虑 THMC 耦合时的长期性能研究,更是少之又少,但是对于核废料地质处置、深部煤矿开采等项目,又是其关键问题,也是世界性难题。因此下一步的工作重点将会考虑 THMC 多场耦合条件下花岗岩长期力学性能研究。

参 考 文 献

[1] 王伟,刘桃根,李雪浩,等. 化学腐蚀下花岗岩三轴压缩力学特性试验[J]. 中南大学学报(自然科学版),2015,(10):3801-3807.

[2] 申林方,冯夏庭,潘鹏志,等. 单裂隙花岗岩在应力-渗流-化学耦合作用下的试验研究[J]. 岩石力学与工程学报,2010,29(7):1379-1388.

[3] Polak A,Elsworth D,Liu J,et al. Spontaneous switching of permeability changes in a limestone fracture with net dissolution[J]. Water Resources Research,2004,40(3):383-391.

[4] Hu D,Zhou H,Zhang F,et al. Modeling of short- and long-term chemo-mechanical coupling behavior of cement-based materials[J]. Journal of Engineering Mechanics,2015,140(1):206-218.

[5] 姚华彦,吴平. 岩石力学-化学耦合效应研究进展[J]. 中国科技论文,2013,8(5):391-396.

[6] 李宁,朱运明,张平,等. 酸性环境中钙质胶结砂岩的化学损伤模型[J]. 岩土工程学报,2003,25(4):395-399.

[7] 崔强. 化学溶液流动-应力耦合作用下砂岩的孔隙结构演化与蠕变特征研究[D]. 沈阳:东北大学,2009.

[8] 杨金保,冯夏庭,潘鹏志,等. 三轴压应力-化学溶液渗透作用下单裂隙花岗岩裂隙开度演化[J]. 岩石力学与工程学报,2012,31(9):1869-1878.

[9] 王亮. 水-力耦合条件下花岗岩裂隙力学和渗透性试验研究[D]. 武汉:湖北工业大学,2015.

[10] 郝宪杰,冯夏庭,江权,等. 基于电镜扫描实验的柱状节理隧洞卸荷破坏机制研究[J]. 岩石力学与工程学报,2013,32(8):1647-1655.

第 5 章　CO₂-砂岩-咸水的 HMC 耦合试验研究

5.1　引　　言

CO_2 地下封存是目前隔离 CO_2 较为可行的方法之一,该方法可以减小温室气体在大气中的排放。向地下储存库注入 CO_2 存在一定的风险,它可能打破原有化学以及渗流体系的平衡,进一步影响流体-岩石反应,导致多孔岩石在上述影响长期作用下孔隙度、渗透率以及力学稳定性发生改变[1,2]。不同于将 CO_2 封存在枯竭的石油、天然气储层中,可以从以往石油或天然气的产量以及采油工程中获得大量数据资料[3],现阶段对将 CO_2 封存在含水层储层中还缺乏了解,因此需要做进一步的研究来验证其安全性。

以往的试验研究了不同温度、CO_2 浓度以及咸水盐度条件下的 CO_2-咸水-岩石反应[4~9],CO_2 的注入会改变多孔岩石与咸水含水层的地球化学系统平衡。超临界 CO_2 在咸水中的溶解将会导致多孔岩石矿物的溶解与沉淀,最终使得岩石孔隙结构发生改变,而孔隙结构的改变又会导致多孔介质孔隙度、渗透率的变化。基于以上试验研究结果,建立一些数值研究方法[10~13]来模拟 CO_2 注入深部含水层情况,并考虑包括水动力、溶解度和矿物捕获方面的影响。

另外,根据现场调查[14~20]、室内试验[1,21,22]以及岩土力学模型[23~32],CO_2-咸水-岩石反应将会影响岩石的力学性质,诱发的岩石变形又会进一步影响咸水-岩石反应。这种反应将会影响盖层系统的稳定性,并且增加 CO_2 泄漏的风险。然而,有关 CO_2 地质储存砂岩含水层储层的 HMC 室内耦合试验条件较为恶劣(温度、应力、渗流、液态/超临界态 CO_2),目前大多学者使用以往的试验结果来分析 CO_2-咸水-岩石反应对岩层力学性质和渗透特性方面的影响。因此,专门设计一套试验设备,分别进行纯 CO_2 以及 CO_2-咸水混合物注入下砂岩 HMC 耦合流变试验,探讨 CO_2 地质储存砂岩含水层储层的 HMC 耦合反应机理。

5.2　以往试验结果总结

本章砂岩试样取自我国东部某盆地,该盆地适合作为 CO_2 储存地,储存量可以达到 $67.654 \times 10^8 t$[33]。此外,许多室内试验研究了砂岩的力学性质、孔隙特征、渗透率[34]以及在 HMC 耦合反应下的特性[35~37]。

5.2.1　砂岩试样概况

该砂岩试样的平均孔隙度在 21% 左右,干密度和饱和密度分别为 $2.17g/cm^3$ 和 $2.35g/cm^3$。通过 X 射线衍射试验对试样矿物成分进行测试,主要为石英、长石、云母以及方解石[34],各矿物成分含量如表 5.1 所示。图 5.1 为 SEM 对砂岩试样进行微观结构分析所得的微观结构图。结果表明,石英和长石颗粒是圆形的,并且被云母以及方解石包裹,这种孔隙结构使得有连续的渗流通道供流体以及 CO_2 流动。

表 5.1　砂岩试样矿物含量

矿物成分	含量/%	颗粒半径/mm
石英	55	0.02~0.35
长石	33	0.02~0.15
云母	5	0.002~0.02
方解石	4	0.002~0.02
绿泥石	2	0.02~0.07
蒙脱石	1	0.02~0.07

图 5.1　微观结构

5.2.2　力学性质

在排水条件下进行了一系列三轴压缩试验。对于所研究的围压条件（<30MPa）,刚开始时应力-应变曲线处于显著的线性阶段,在达到峰值应力前后,应力-应变曲线进入非线性阶段。这种非线性现象与微裂纹的萌生和扩展有关,这也导致弹性模量发生相应的变化。体积应变经历了从体积压缩到体积膨胀两个阶

段,并且转换阈值取决于围压的大小。随着围压的增加,岩石从脆性破坏(围压 <10MPa)逐步转化为塑性破坏(围压>20MPa)。图 5.2 给出了从三轴试验获得的砂岩试样初始屈服面、扩容点以及破坏面。表 5.2 是试验测得的弹性参数以及破坏参数。

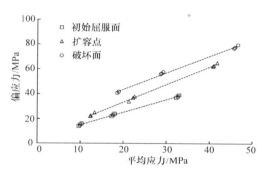

图 5.2　砂岩试样初始屈服面、扩容点以及破坏面

表 5.2　砂岩试样力学以及多孔介质力学参数

参数	数值
初始弹性模量	$E=7900\text{MPa}$
泊松比	$\nu=0.21$
黏聚力	$c=6.3\text{MPa}$
内摩擦角	$\varphi=34.4°$
排水体积弹性模量	$K_b=6950\text{MPa}$
固相压缩率	$K_s=50548\text{MPa}$
初始 Biot 数	$b=0.86$
初始渗透率	$k_0=3.1\times10^{-16}\text{m}^2$

5.2.3　破坏过程中渗透率的变化情况

在围压作用下,渗透率与 Biot 数都随着围压的增大而减小。根据三轴压缩条件下渗透率测量试验以及 Biot 数测量试验,渗透率和 Biot 数与力学损伤存在正相关关系(图 5.3)。随着岩石微裂纹的萌生与发展,渗透率与 Biot 数随试样的破坏逐渐增加。在砂岩试样破坏的最后阶段,微裂纹发展为贯通裂缝,对渗透率与 Biot 数的影响更大。

5.2.4　pH 对岩石矿物溶解以及孔隙发育的影响

根据有关砂岩在三种不同 pH 溶液下侵蚀的试验[35]可知,经过流体-岩石反应

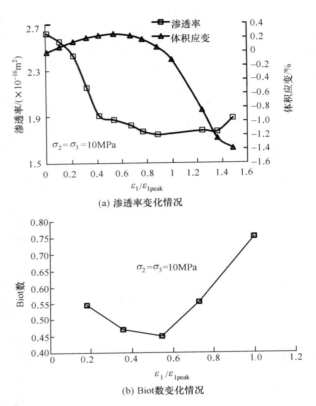

(a) 渗透率变化情况

(b) Biot数变化情况

图 5.3　围压 10MPa 条件下渗透率、Biot 数随偏应力加载变化情况

后,砂岩孔隙度的变化与溶液 pH 有很大关系。三种溶液分别为:pH=7 的中性溶液蒸馏水,pH=2、浓度为 0.3 mol/L 的酸性 HCl 溶液,pH=12、浓度为 0.3 mol/L 的碱性 NaOH 溶液。如图 5.4 所示,在蒸馏水中反应后,岩石试样孔隙度有一个微小的增长(约为 0.6%);在与 HCl 溶液反应后,岩石试样孔隙度增长了约 21%;在与 NaOH 溶液反应后,岩石试样孔隙度增长了约 30%。这种现象可以用矿物溶解动力学解释[38,39]。砂岩试样中每种组成矿物的溶解速率可以定义为 pH 的函数。例如,在 pH<6 时,石英的溶解速率与 pH 无关,但随着 pH 增大,石英的溶解速率增大得非常明显。砂岩中其他矿物(长石、方解石、云母以及绿泥石)的溶解速率与 pH 呈负相关关系。经 X 射线衍射试验测得的砂岩试样与溶液溶解反应前后各矿物含量如表 5.3 所示。需要注意的是,表 5.3 中各矿物成分含量都是相对含量。与没有进行侵蚀试验的砂岩试样相比,在 pH=7 的蒸馏水侵蚀条件下,各矿物成分含量变化很小。在 pH=2 的 HCl 溶液侵蚀条件下,石英的相对含量增加到 59%,这是由于其他矿物在酸性溶液中溶解导致其他矿物成分含量减少。而在 pH=12 的 NaOH 溶液侵蚀条件下,石英相对含量的变化表现出相反的趋

势。各矿物成分的变化情况与上述提到的矿物溶解动力学一致。pH 与流体-岩石反应的相关性也验证了在深部含水层注入 CO_2 过程的数值模拟结果[39]。

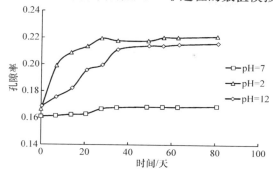

图 5.4　不同溶液中试样孔隙率变化情况

表 5.3　砂岩试样溶解前后矿物含量　　　　　　　　　　　（单位:%）

条件	石英	长石	方解石	云母	绿泥石	蒙脱石
初始情况	55	33	4	5	2	1
pH=7	56	30	6	5	2	1
pH=2	59	26	1	2	6	6
pH=12	45	35	5	5	8	2

5.2.5　HMC 耦合试验

在流变试验过程中[35],使三种不同 pH 的化学溶液分别流经岩石试样。结果显示,溶液 pH 对 HMC 耦合试验结果影响很大。实验围压为 5MPa,轴压分两步加载,分别为 25MPa 和 35MPa,分别相当于岩石试样峰值强度的 55% 和 76%。三种溶液的注入加快了岩石试样的流变速率,这是因为流体-岩石反应对岩石试样力学性质的影响。相比较没有注入化学溶液,pH=7 的蒸馏水的注入使岩石试样流变速率有较小的增加,pH=2 的 HCl 溶液与 pH=12 的 NaOH 溶液的注入却使得岩石试样流变速率增加了 5 倍。并且,流变应变平衡时间与流变速率有相同的趋势。

5.3　纯 CO₂ 或 CO₂-咸水混合物注入下的流变试验

以往的相关试验获得了有关砂岩力学性质、孔隙性质、渗透率以及 HMC 耦合行为等规律。然而,为了进一步研究 CO_2 在储存过程中与含水层砂岩的 CO_2-咸水-岩石相互作用机理,还需要进行注入纯 CO_2 或者 CO_2-咸水条件下的三轴压缩流变试验,以此探求砂岩力学性质、渗流特性的演化进程。岩石试样采用直径 37mm、高度 74mm 的圆柱形试样,观测到存在一些平行层理面,使得试样表现为轻微横向各向同性结构。本章重点研究由流体-岩石相互作用引发的流体力学特性的改变，在试验中不考虑砂岩试样这种轻微的各向异性。

5.3.1 试验准备

试验所采用的仪器为岩石三轴 THMC 多场耦合试验系统，图 5.5 为该系统的原理图。CO_2 或者 CO_2-咸水通过高压反应釜注入试样中，反应釜在上部和下部各设置一个开关将 CO_2（上开关）或者 CO_2-咸水（下开关）注入试样。然后将整个装置放置于烘箱中，使试验处于特定的温度条件。在实验室还安装了温度调节装置，使得房间保持（20±2）℃恒温状态，试验中烘箱温度控制精度为±0.2℃。

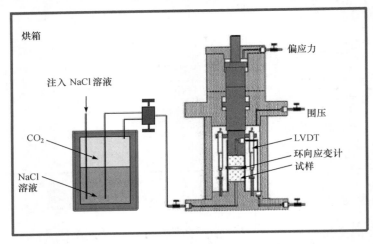

图 5.5　岩石三轴 THMC 多场耦合试验系统的原理图

本章沿用岩石力学符号公约，以压应力及压应变为正。采用固定的坐标体系，并且圆柱体试样轴线与 x_1 轴平行，σ_i 与 $\varepsilon_i (i=1,2,3)$ 表示在该参考系下的三个主应力与主应变，p 是孔隙压力。

在试验前，先对每个试样在真空状态下用 0.01mol/L 的 NaCl 溶液进行饱和，适量浓度的盐溶液与自然状态下含水层类似[1]。然后，将试样装进一个橡胶套中，用来与围压室隔绝。在试样两端还各放置一片多孔的透水钢板，用来使渗透压力平均分配到两个试样端面上。

砂岩试样产地地应力和温度等资料非常有限，据 Qiao 等[33]研究，压力梯度与温度梯度可以近似为常数。温度梯度和竖向应力梯度分别取 30.8℃/km 和 20.5MPa/km。假设水平面处的温度为 15℃，应力为 0，那么在 800m 深的地下含水层中，温度大概为 40℃，竖向应力大概为 16.4MPa。参考实际情况，本试验的温度确定为 40℃，围压和轴压分别为 12MPa 和 17MPa。因此，本次试验条件和自然状态下含水层情况可以认为基本相似。

在围压加载阶段,围压加载速率为 0.1MPa/s,试样内部有充足的时间排水。施加围压后,通过观察注入的 NaCl 溶液(0.01mol/L)在试样上、下端面的渗透压是否达到平衡,从而判定试样是否达到饱和状态。在流变试验中,偏应力($\sigma_1 - \sigma_3$)始终保持在 5MPa,即轴压保持为 17MPa。在试验中使用两只 LVDT 测量试样轴向变形,并取其平均值作为试样轴向变形值。使用自主研制的环向应变测量装置[40]测量试样的环向变形。

5.3.2　纯 CO₂ 注入下的流变试验

当试样在围压 12MPa、轴压 17MPa 条件下流变变形趋于稳定时,通过调节高压反应釜上开关将纯 CO₂ 以两种方式注入试样上、下端面。在第一种情况下,令试样上、下端面渗透压分别保持为 3MPa 和 2.5MPa。0.5MPa 的低渗透压差使得低压条件下的 CO₂ 可以由试样内部通道流过试样。当低压条件下的 CO₂ 所引起的轴向和侧向变形趋于稳定后,将试样上、下端面渗透压分别调至 8MPa 和 7.5MPa。纯 CO₂ 的沸点以及超临界点分别为 0.518MPa(在 -56.6℃ 条件下)以及 7.35MPa(31℃ 条件下),因此注入的 CO₂ 在压力为 3MPa 时为气态,8MPa 时为超临界状态。图 5.6 为流变试验中注入纯 CO₂ 时的应变演化。试样饱和后(没有注入 CO₂)开始进行试验,48h 后流变达到稳定。在注入气态 CO₂ 后,轴向、侧向应变都产生了一个突变,并且应变速率在显著增加,72h 后达到稳定。轴向、侧向应变产生的突变与渗透压的突然施加有关,并且产生了体积扩容现象。根据有效应力原理,突然施加的渗透压导致有效应力的减小,因此产生了体积扩容现象。在注入临界状态的 CO₂ 时,也有类似的现象发生。

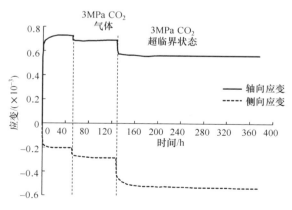

图 5.6　流变试验中注入纯 CO₂ 时的应变演化

仔细研究试验结果,在注入气态 CO₂ 和临界状态 CO₂ 瞬间发生的体积扩容以及流变数值上属于同一量级,但比值约为 1：3,近似于气态 CO_2 和临界状态 CO_2 的压力比值 3：8。因此,可以认为注入纯净 CO_2 所引起的有效应力改变是造成应变突变的重要因素。对所研究的砂岩而言,不管注入气态还是临界状态的 CO_2, CO_2 都属于惰性化学物质,较难与砂岩产生化学反应。

5.3.3　CO_2-咸水混合物注入下的流变试验

在纯 CO_2 注入下的流变试验后,进行 CO_2-咸水混合物注入下的流变试验,试验的应力和温度都与仅注入 CO_2 情况下的流变试验一样。不同之处在于,CO_2-咸水以恒定的压力 8MPa 从高压反应釜下开关进入试样,试样出气端压力保持为 7.5MPa。

图 5.7 为流变试验中注入 CO_2-咸水时的应变演化。在注入 CO_2-咸水后,有效应力的改变导致产生了应变突变。然而,不管是轴向应变还是侧向应变,都经历了明显的第一、第二流变阶段。轴向应变和侧向应变速率分别为 $\dot{\varepsilon}_1 = 2.7 \times 10^{-10}\,\mathrm{s}^{-1}$ 和 $\dot{\varepsilon}_3 = -5.4 \times 10^{-10}\,\mathrm{s}^{-1}$。以往石灰岩和砂岩的流变试验[1]及其他不同种类的岩石流变试验[41],也得出了相似的结论。

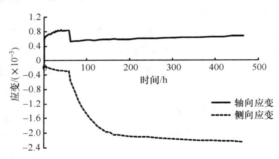

图 5.7　流变试验中注入 CO_2-咸水时的应变演化

在试验中还测量了渗透率的变化情况。使用精度为 0.001mL/min 的流动比率计来测量 CO_2-咸水流量比。当渗透达到稳定后,流量可以被记录下来,并将其定义为 Q(单位为 m^3/s),假设在短时间内为定值。由达西定律可知,渗透率(定义为 k)可以通过式(5.1)进行计算:

$$k(m^2) = \frac{Q\mu L}{\Delta p A} \tag{5.1}$$

式中,μ 为 CO_2-咸水动态黏滞系数;L 和 A 分别为试样的长度和横截面面积;Δp 为渗透压进、出口压差,本试验中为 0.5MPa。

根据 Fleury 等[42]提出的 $H_2O + NaCl + CO_2$ 黏度模型,CO_2-咸水的黏滞系数大约为 $0.82 \times 10^{-4}\mathrm{Pa} \cdot \mathrm{s}$。

　　图 5.8 给出了注入 CO_2-咸水后渗透率的变化情况。在流变第一阶段,渗透率从 6.6×10^{-16} m^2 迅速减小到 1.1×10^{-16} m^2,并且渗透率仍以近似为 -9.6×10^{-20} m^2/h 的恒定速率减小。根据以前所做的地球化学试验[7],CO_2-咸水-岩石反应会使岩石孔隙增多,使得渗透通道增多,从而导致渗透率的增加。然而,目前的试验显示出相反的结果,这是由于在压力的作用下,试样内部孔隙被压缩。此外,CO_2-咸水-岩石反应引发的优先渗透通道(并不是直接连接试样两端端面的孔隙通道)也是原因之一。

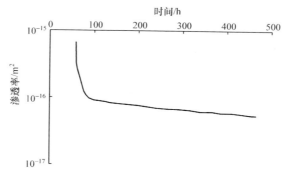

图 5.8　注入 CO_2-咸水后渗透率的变化情况

5.4　CO_2-砂岩-咸水反应后的压痕试验

　　通过压痕试验来研究砂岩在经过 CO_2-咸水-岩石反应后弹性模量的变化情况,采用圆柱形试样,直径和高度分别为 37mm 和 5mm。试验时,先将试样放置在高压反应釜底部,反应釜注有 0.01mol/L 的 NaCl 溶液,然后将 CO_2 注入高压反应釜中,使反应釜内部压力达到 8MPa。再将反应釜置于烤炉中,使反应釜内温度保持为 40℃。在不同反应时间后,取出试样进行压痕试验。

　　压痕仪为自主研制,由电脑控制的加载框架、一个力传感器以及两个 LVDT 装置[43]组成,既可以控制施加荷载,又可以控制位移。在加载活塞末端还装有硬度计压头,根据不同种类的材料选用不同形式的压头。为了简单起见,本试验采用圆柱形平硬度计压头测量砂岩弹性模量,压头直径可为 0.1~4mm。本试验准备了 6 组不同直径的压头,直径分别为 0.2mm、0.5mm、0.7mm、1mm、2mm 和 4mm。经过测试,当压头直径大于 1mm 后,所测得的弹性模量基本稳定。另外,考虑到方解石以及石英颗粒的平均尺寸都小于 0.35mm,所以将硬度计压头直径取为 4mm,因为其直径远远大于矿物的尺寸。试验中,每种条件下选取五个试样进行压痕试验,最终试验结果取五组试样的平均值。

在试验过程中,硬度计压头以一个恒定的速率(0.073mm/min)压入试样表面,形成一个火山口状的坑,记录硬度计压头的位移和与之相对应的施加力。压痕试验结果可以表示为硬度计压头位移(e)和与之相对应的施加力(P)曲线。通常情况下,物体弹塑性特性可以通过对 e-P 曲线进行反演分析确定[44]。然而,为了简单起见,本试验采用简化后的分析方法来确定弹性模量。假设试样在硬度计压头作用下仍处于弹性阶段,依靠无限各向同性弹性体侵入问题的经典办法,硬度计压头侵入曲线斜率与材料弹性性质有关[45]:

$$\frac{\mathrm{d}P}{\mathrm{d}e}=\frac{ED}{1-\nu^2}\qquad(5.2)$$

式中,E 为弹性模量;ν 为泊松比;D 为硬度计压头直径。

根据式(5.2),e 和 P 由 e-P 曲线确定。误差分析显示,泊松比的平方带来的误差远小于弹性模量,因此假设在式(5.2)中,泊松比为固定的常数。根据先前三轴压缩试验结果[34],本试验中泊松比选为0.2。

图5.9为经过0天、3天、15天、30天、60天和240天后侵蚀试样的压痕试验结果。可以看出,e-P 曲线受反应时间的影响较大,弹性模量及达到塑性屈服时的力都随着反应时间的增加而减小,这与以前在 CO_2-咸水中饱和的砂岩抗拉强度试验结果[22]较为一致。进一步分析试验结果,图5.10为同等条件下五组试样测得的弹性模量平均值与对应反应时间的曲线。可以看出,在最初反应期间,弹性模量下降非常快,如第3天和第15天。经过最初反应时间后,弹性模量下降速率开始减小,并且接近常量—1.35MPa/d。弹性模量的变化趋势与图5.7显示的流变变化趋势相似。由 CO_2-咸水-岩石反应引发的弹性模量的减小证实了此前有关砂岩的试验[35~37],并且与水泥基材料的淋漓现象[46]类似。

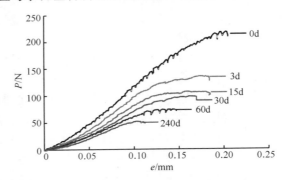

图5.9　不同反应时间后试样的压痕试验施加 e-P 曲线

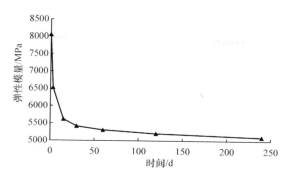

图 5.10　不同反应时间后弹性模量变化情况

5.5　试验数据分析

由 X 射线衍射试验可知,本试验中砂岩试样所含主要矿物为石英、钾长石和方解石三种,其他矿物的含量较少,可忽略不计。

矿物颗粒最主要的反应是石英颗粒中 SiO_2 在水中的溶解,用反应式表示为

$$SiO_2(s) + 2H_2O(l) \Longleftrightarrow H_4SiO_4(aq) \tag{5.3}$$

随着 SiO_2 的溶解,在水溶液中形成了硅酸(水合二氧化硅)。由于 CO_2-咸水为碱性溶液,硅酸与 CO_2-咸水溶液反应生成阴离子 $H_2SiO_4^{2-}$,反应式如下:

$$H_4SiO_4(aq) + 2OH^-(aq) \Longleftrightarrow H_2SiO_4^{2-}(aq) + 2H_2O(l) \tag{5.4}$$

随着溶液中碱性离子的存在,石英石的溶解速率就会一直增大。钾长石的溶解机制可以表述如下:

$$2KAlSi_3O_8(s) + 11H_2O(aq) \Longleftrightarrow Al_2Si_2O_5(OH)_4(aq) + 2K^+(aq)$$
$$+ 2OH^-(aq) + 4H_4SiO_4(aq) \tag{5.5}$$

根据式(5.5),酸性离子的存在对钾长石的溶解有促进作用。在酸性溶液中,钾长石的反应机理可以表述如下:

$$KAlSi_3O_8(s) + 4H^+(aq) + 4H_2O(aq) \Longleftrightarrow K^+(aq) + Al^{3+}(aq) + 3H_4SiO_4(aq)$$
$$\tag{5.6}$$

方解石的溶解机制可以表述如下:

$$CaCO_3(s) \Longleftrightarrow Ca^{2+}(aq) + CO_3^{2-}(aq) \tag{5.7}$$

与钾长石类似,酸性离子的存在加速了方解石的溶解,反应式如下:

$$CaCO_3(s) + H^+ \Longleftrightarrow Ca^{2+}(aq) + HCO_3^-(aq) \tag{5.8}$$

上述反应式可以解释在 5.2 节介绍的 pH 对流变应变的影响。根据式(5.4),碱性离子(pH>7)的存在会加速石英的溶解。与之相对的是,酸性离子的存在会加速钾长石以及方解石的溶解速率[式(5.6)和式(5.8)]。因此,与试样在 pH=7

的蒸馏水中反应相比,在 pH＝2 和 pH＝12 的情况下,试样力学性能、渗透特性以及耦合特性会因为酸性离子以及碱性离子的存在而发生很大改变。

还有一个十分重要的反应是在水溶液中 CO_2 与水反应生成碳酸[式(5.9)],因为只有 CO_2 溶解在水中(而不是气态 CO_2)才能与砂岩试样发生反应,如下所示:

$$CO_2 + H_2O \rightleftharpoons H_2CO_3 \tag{5.9}$$

CO_2 在水中的溶解度与温度、压力以及离子结合强度有关。在高温、高盐度的情况下,CO_2 溶解度低;而在高压情况下,溶解度却高。在此试验 40℃、8MPa 情况下,CO_2 在 0.01mol/L 的 NaCl 溶液中的溶解度约为 0.9mol/L。由于碳酸的分解[式(5.10)],在不与岩石反应的情况下,该溶解度的 CO_2 溶液 pH 约为 3.4。

$$H_2CO_3 \rightleftharpoons H^+ + HCO_3^- \tag{5.10}$$

溶解在 NaCl 溶液中的 CO_2 生成了碳酸,促进了砂岩中方解石与钾长石的溶解。在注入 CO_2-咸水的流变试验中,流体的流动效应导致了大量的流变变形(图 5.7),并导致渗透率减小(图 5.8),也使得压痕试验中弹性模量减小(图 5.10)。然而,在注入纯 CO_2 的流变试验中,注入的 CO_2 为分子状态,并且不与砂岩试样反应。因此,在注入纯 CO_2 的情况下,对流变变形的影响很小(图 5.6)。注入纯 CO_2 与注入 CO_2-咸水结果的不同也证实了巴黎盆地道格统岩层含水层流体-岩石化学反应模型的数值模拟结果[10],其数字结果显示,相对于注入 CO_2-咸水的情况,注入纯 CO_2 对储存库影响更小一些。图 5.11 为流变试验中化学溶液注入试样过程中轴向应变的变化情况。

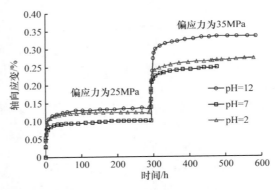

图 5.11　流变试验中化学溶液注入试样过程中轴向应变的变化情况

5.6　本章小结

　　本章采用试验研究的方法,研究 HMC 耦合作用下 CO₂ 在含水层砂岩储存过程中砂岩储层的性质,分析砂岩试样在 CO₂-咸水或者仅在 CO₂ 作用下的流变应变、渗透率以及弹性模量,揭示砂岩在 HMC 耦合作用下的性质。在注入 CO₂-咸水或者仅注入 CO₂ 后,有效围压减小,说明岩石在注入 CO₂-咸水或者 CO₂ 后发生了扩容现象。然而,与仅注入 CO₂ 相比,注入 CO₂-咸水对砂岩流变应变、渗透率的影响更大。这种现象可以归因于 CO₂ 溶解在咸水中,溶液中产生了更多的碳酸,加速了 CO₂-咸水-岩石反应。在 CO₂-咸水-岩石反应进行后,对砂岩试样进行压痕试验。结果表明,随着反应时间的延长,试样的弹性模量随之减小。本章试验研究结果可为 CO₂ 地质储存砂岩含水层储层的 HMC 耦合反应提供理论和技术支持。

参 考 文 献

[1] Guen Y L, Renard F, Hellmann R, et al. Enhanced deformation of limestone and sandstone in the presence of high, fluids[J]. Journal of Geophysical Research Solid Earth, 2007, 112(B5): 622-634.

[2] Orlic B, Wassing B B T. A study of stress change and fault slip in producing gas reservoirs overlain by elastic and viscoelastic caprocks[J]. Rock Mechanics and Rock Engineering, 2013, 46(3): 421-435.

[3] Riemer P W F, Ormerod W G. International perspectives and the results of carbon dioxide capture disposal and utilisation studies[J]. Energy Conversion and Management, 1995, 36(6-9): 813-818.

[4] Fischer S, Liebscher A, Wandrey M. CO₂-brine-rock interaction—First results of long-term exposure experiments at in situ P-T conditions of the Ketzin CO₂, reservoir[J]. Chemie der Erde-Geochemistry, 2010, 70(2): 155-164.

[5] Gunter W D, Perkins E H, Mccann T J. Aquifer disposal of CO₂-rich greenhouse gases: Reaction design for added capacity[J]. Energy Conversion and Management, 1993, 34(9-11): 941-948.

[6] Izgec O, Demiral B, Bertin H, et al. CO₂, injection into saline carbonate aquifer formations I: Laboratory investigation[J]. Transport in Porous Media, 2008, 72(1): 1-24.

[7] Rosenbauer R J, Koksalan T, Palandri J L. Experimental investigation of CO₂-brine-rock interactions at elevated temperature and pressure: Implications for CO₂, sequestration in deep-saline aquifers[J]. Fuel Processing Technology, 2005, 86(14-15): 1581-1597.

[8] Wigand M, Carey J W, Schütt H, et al. Geochemical effects of CO₂, sequestration in sandstones under simulated in situ conditions of deep saline aquifers[J]. Applied Geochemistry,

2008,23(9):2735-2745.

[9] Yu Z,Liu L,Yang S,et al. An experimental study of CO_2-brine-rock interaction at in situ,pressure-temperature reservoir conditions[J]. Chemical Geology,2012,326-327(11):88-101.

[10] André L,Audigane P,Azaroual M,et al. Numerical modeling of fluid-rock chemical interactions at the supercritical CO_2-liquid interface during CO_2,injection into a carbonate reservoir,the Dogger aquifer (Paris Basin,France)[J]. Energy Conversion and Management,2007,48(6):1782-1797.

[11] Gunter W D,Perkins E H,Hutcheon I. Aquifer disposal of acid gases:Modelling of water-rock reactions for trapping of acid wastes[J]. Applied Geochemistry,2000,15(8):1085-1095.

[12] Izgec O,Demiral B,Bertin H,et al. CO_2 injection into saline carbonate aquifer formations II:Comparison of numerical simulations to experiments[J]. Transport in Porous Media,2008,73(1):57-74.

[13] Xu T,Apps J A,Pruess K,et al. Numerical modeling of injection and mineral trapping of CO_2,with H_2S and SO_2,in a sandstone formation[J]. Chemical Geology,2007,242(3-4):319-346.

[14] Chalaturnyk R J. Geomechanical characterization of the Weyburn field for geological storage of CO_2[J]. 1st Canada-US Rock Mechanics Symposium,2007,(5):27-31.

[15] Eiken O,Ringrose P,Hermanrud C,et al. Lessons learned from 14 years of CCS operations:Sleipner,In Salah and Snøhvit[J]. Energy Procedia,2011,4:5541-5548.

[16] Mathieson A,Wright I,Roberts D,et al. Satellite imaging to monitor CO_2,movement at Krechba,Algeria[J]. Energy Procedia,2009,1(1):2201-2209.

[17] Onuma T,Ohkawa S. Detection of surface deformation related with CO_2,injection by DInSAR at In Salah,Algeria[J]. Energy Procedia,2009,1(1):2177-2184.

[18] White D. Monitoring,CO_2,storage during EOR at the Weyburn-Midale Field[J]. Geophysics,2012,28(7):838-842.

[19] Pytharouli S I,Lunn R J,Shipton Z K,et al. Microseismicity illuminates open fractures in the shallow crust[J]. Geophysical Research Letters,2011,38(2):79-89.

[20] Zoback M D,Harjes H P. Injection-induced earthquakes and crustal stress at 9km depth at the KTB deep drilling site,Germany[J]. Journal of Geophysical Research Solid Earth,1997,102(B8):18477-18492.

[21] Bachu S,Bennion D B. Experimental assessment of brine and/or CO_2,leakage through well cements at reservoir conditions[J]. International Journal of Greenhouse Gas Control,2009,3(4):494-501.

[22] Ojala I O. The effect of CO_2,on the mechanical properties of reservoir and cap rock[J]. Energy Procedia,2011,4(4):5392-5397.

[23] Alonso J,Navarro V,Calvo B,et al. Hydro-mechanical analysis of CO_2 storage in porous rocks using a critical state model[J]. International Journal of Rock Mechanics and Mining

Sciences,2012,54(3):19-26.

[24] Baisch S,Vörös R,Rothert E,et al. A numerical model for fluid injection induced seismicity at Soultz-sous-Forêts[J]. International Journal of Rock Mechanics and Mining Sciences, 2010,47(3):405-413.

[25] Baroni A,Estublier E,Deflandre J P,et al. Modelling surface displacements associated with CO₂ reinjection at Krechba[C]//45th US Rock Mechanics/Geomechanic Symposium, San Francisco,2011.

[26] Qi L,Wu Z S,Bai Y L,et al. Thermo-hydro-mechanical modeling of CO₂,sequestration system around fault environment[J]. Pure and Applied Geophysics, 2006, 163 (11-12): 2585-2593.

[27] Olden P,Pickup G,Jin M,et al. Use of rock mechanics laboratory data in geomechanical modelling to increase confidence in CO₂,geological storage[J]. International Journal of Greenhouse Gas Control,2012,11(6):304-315.

[28] Rutqvist J,Wu Y S,Tsang C F,et al. A modeling approach for analysis of coupled multiphase fluid flow,heat transfer,and deformation in fractured porous rock[J]. International Journal of Rock Mechanics and Mining Sciences,2002,39(4):429-442.

[29] Rutqvist J,Birkholzer J T,Tsang C F. Coupled reservoir-geomechanical analysis of the potential for tensile and shear failure associated with CO₂ injection in multilayered reservoir-caprock systems[J]. International Journal of Rock Mechanics and Mining Sciences, 2008, 45(2):132-143.

[30] Taron J,Elsworth D,Min K B. Numerical simulation of thermal-hydrologic-mechanical-chemical processes in deformable,fractured porous media[J]. International Journal of Rock Mechanics and Mining Sciences,2009,46(5):842-854.

[31] Vidal-Gilbert S,Nauroy J F,Brosse E. 3D geomechanical modelling for CO₂ geologic storage in the Dogger carbonates of the Paris Basin[J]. International Journal of Greenhouse Gas Control,2009,3(3):288-299.

[32] Yin S,Dusseault M B,Rothenburg L. Coupled THMC modeling of CO₂ injection by finite element methods[J]. Journal of Petroleum Science & Engineering,2011,80(1):53-60.

[33] Qiao X J,Li G M,Li M,et al. CO₂,storage capacity assessment of deep saline aquifers in the Subei Basin,East China[J]. International Journal of Greenhouse Gas Control,2012,11(6): 52-63.

[34] Hu D W,Zhou H,Zhang F,et al. Evolution of poroelastic properties and permeability in damaged sandstone[J]. International Journal of Rock Mechanics and Mining Sciences,2010, 47(6):962-973.

[35] Cui Q,Feng X,Xue Q,et al. Mechanism study on porosity structure change of sandstone under chemical corrosion[J]. Chinese Journal of Rock Mechanics and Engineering,2008, 27(6):1209-1216.

[36] Feng X T,Chen S,Zhou H. Real-time computerized tomography (CT) experiments on sand-

stone damage evolution during triaxial compression with chemical corrosion[J]. International Journal of Rock Mechanics and Mining Sciences,2004,41(2):181-192.

[37] Feng X T,Ding W,Zhang D. Multi-crack interaction in limestone subject to stress and flow of chemical solutions[J]. International Journal of Rock Mechanics and Mining Sciences, 2009,46(1):159-171.

[38] Lasaga A C. Kinetic Theory in Earth Sciences[M]. Princeton:Princeton University Press,2014.

[39] Xu T,Apps J A,Pruess K, et al. Numerical simulation of CO_2 disposal by minera trapping in deep aquifers[J]. Applied Geochemistry,1996,19(6):917-936.

[40] Secq J. Collar for measuring the lateral deformation of a test piece during compression tests, such as uniaxial or triaxial compression tests:US,US 7694581 B2[P]. 2010.

[41] Zhang X,Spiers C J. Compaction of granular calcite by pressure solution at room temperature and effects of pore fluid chemistry[J]. International Journal of Rock Mechanics and Mining Sciences,2005,42(7-8):950-960.

[42] Fleury M,Deschamps H. Electrical conductivity and viscosity of aqueous NaCl solutions with dissolved CO_2[J]. Energy Procedia,2009,1(1):3129-3133.

[43] Hu D W,Zhang F,Shao J F,et al. Influences of mineralogy and water content on the mechanical properties of argillite[J]. Rock Mechanics and Rock Engineering,2014,47(1):157-166.

[44] Magnenet V,Auvray C,Djordem S,et al. On the estimation of elastoplastic properties of rocks by indentation tests[J]. International Journal of Rock Mechanics and Mining Sciences,2009,46(3):635-642.

[45] Boussinesq J. Application des potentiels à l'étude de l'équilibre et du mouvement des solides élastiques,principalement au calcul des déformations et des pressions que produisent,dans ces solides,des efforts quelconques exercés sur une petite partie de leur sur[J]. Revista Internacional de Lingüística Iberoamericana,2008,17(4):105-118.

[46] Heukamp F H,Ulm F J,Germaine J T. Mechanical properties of calcium-leached cement pastes :Triaxial stress states and the influence of the pore pressures[J]. Cement and Concrete Research,2001,31(5):767-774.

第 6 章　岩石 TM 耦合本构模型

由于岩石基质与裂隙流体热学性质的明显差别,岩土工程中裂隙岩体的有效热学性质对裂隙的形态和裂隙流体的热学性质有很大的依赖性。鉴于此,提出了裂隙岩体的有效热学性质表达式。本章分析裂隙分布、裂隙流体的种类以及所施加的应力状态等不同因素对裂隙岩体有效热学性质的影响。首先,基于均匀化方法,提出离散格式的有效导热系数和热膨胀系数的表达式。然后考虑含有一簇裂纹的饱和试样,分析裂隙分布和裂隙流体类型对岩体有效导热系数和热膨胀系数的影响。模拟结果表明,裂隙分布使得岩体有效导热系数和热膨胀系数表现出明显的各向异性,岩石基质与裂隙体积模量的差异同样对岩体的有效热膨胀系数有很大的影响。最后分析了常规三轴压缩试验条件下花岗岩有效导热系数和热膨胀系数的演化规律,结果表明,应力诱发造成的倾向性发展的微裂纹导致岩体的有效导热系数与热膨胀系数表现出明显的各向异性。本章提出的有效热学性质的表达式对分析和评价岩体工程中裂隙岩体的有效导热系数和热膨胀系数有一定的参考意义。

6.1　引　　言

由于岩体中孔隙及应力诱发的裂隙存在,工程中岩体的裂隙充填着不同的流体。在石油及天然气开采工程中,裂隙岩体中充填着油和气;地热资源开采工程中,岩体中的裂隙被水填充;而在核废料深地质处置工程中,岩体中的孔隙和裂隙又被水蒸气充填。众所周知,岩石基质与裂隙流体的热学性质有着明显的差别,岩石与流体混合所表现出来的热学性质,或称为岩体的有效热学性质就受到孔隙裂隙分布及孔隙流体热学性质的很大影响。因此,在上述岩体工程应用中,对岩体有效热学性质的研究有非常重要的意义。

试验研究表明,影响岩体有效热膨胀系数的因素有多个,最重要的包括矿物成分、孔隙度、孔隙流体、孔隙裂隙的分布形态、温度和压力等[1~8]。沉积岩类,尤其是硬黏土岩,层状微观结构的存在,使得有效导热系数表现出明显的各向异性[9],且各向异性系数为 1.42~3.34[7]。在施加应力的条件下,岩体中的孔隙受到压缩,导致孔隙岩体的有效导热系数与施加的应力表现出正相关关系[10,11]。Demirci等[12]将单轴和三轴压缩条件下的岩体有效导热系数进行比较,发现三轴压缩条件下的有效导热系数比单轴压缩条件下的要大;同时指出,如果地下工程中的隧洞没有在合适的时间内得到足够的支护,围岩开挖扰动区内的有效导热系数将会由于内部膨胀变形的发生而减小,这将使开挖扰动区成为热传导的隔离层,将会对上部岩体工程产生很大影响。大量研究表明,与原位、潮湿条件相比,干燥状态下测得的有效导热系数较小。而且,孔隙流体充填的饱和度对岩体的有效导热系数有很大影响[13~16]。由于热膨胀系数的数值较小而且从体积或密度变化的观点来看,热膨胀系数产生的影响较小,因此关于岩体有效热膨胀系数的研究比有效导热系数的研究要少[17~19]。然而,岩体的热膨胀行为对围岩的结构有很大影响。在加热条件下,由于岩体导热系数上述因素所导致的不均匀热膨胀同样可以造成结构的损伤[17,18]。

一般来说,通过试验来准确获取岩体的有效热传导性质是一个耗时且耗财的过程。很多学者得到了岩体热传导性质与其影响因素的经验关系,如孔隙度[20]、温度[21,22]、压力[11]以及孔隙流体[23]。与之相对应的理论手段也用来预测岩体的热传导性质。许多学者从数学的角度提出了热传导性质的理论预测模型,它们具有相似的表达形式[14,24~28]。同样通过理论分析手段,Sevostianov[29]得到了一种复合材料热膨胀和热阻之间的关系,并且用于评价非均质材料的热膨胀性质。

然而,摆在众多学者面前的难题是缺乏一种能够同时评价裂隙岩体有效热传导和热膨胀性质的理论模型,本章将进行热传导和热膨胀性质的数值模拟方法研究。

6.2 TM 耦合模型框架

首先,在小变形的假设下给出了弹塑性损伤模型的一般框架,考虑脆性岩体的一个代表性体积单元(representative volume element,RVE),用 $\mathrm{d}\boldsymbol{\Sigma}$ 表示应力增量,$\mathrm{d}\boldsymbol{E}$ 表示宏观的应变增量,$\mathrm{d}T$ 表示温度增量。应变增量可以被分解为弹性部分 $\mathrm{d}\boldsymbol{E}^{\mathrm{e}}$ 和塑性部分 $\mathrm{d}\boldsymbol{E}^{\mathrm{p}}$,因此,总的体积应变可以写成

$$\mathrm{d}\boldsymbol{E} = \mathrm{d}\boldsymbol{E}^{\mathrm{e}} + \mathrm{d}\boldsymbol{E}^{\mathrm{p}} + \boldsymbol{\alpha}\mathrm{d}T \tag{6.1}$$

其中,$\boldsymbol{\alpha}$ 表示有效热膨胀系数。

对脆性岩体来说,随着裂纹的扩展,岩体的力学参数表现出明显的劣化,用变量 $\boldsymbol{\omega}$ 来描述这种由裂纹诱发的损伤状态,其定义将在后面给出,用 γ_{p} 来表示塑性硬化内变量。在不考虑塑性流动的条件下,给定损伤状态的线弹性材料的自由能表达式为

$$\Psi = \frac{1}{2}(\boldsymbol{E} - \boldsymbol{E}^{\mathrm{p}}) : \boldsymbol{C}(T, \boldsymbol{\omega}) : (\boldsymbol{E} - \boldsymbol{E}^{\mathrm{p}}) + \Psi^{\mathrm{p}}(T, \gamma_{\mathrm{p}}, \boldsymbol{\omega}) - ST \tag{6.2}$$

式中,S 和 T 分别为系统的熵和热力学温度;四阶张量 $\boldsymbol{C}(T, \boldsymbol{\omega})$ 为材料的弹性刚度,它是温度 T 和损伤变量 $\boldsymbol{\omega}$ 的函数。在式(6.2)的右侧,第一项为弹性应变能,

第二项 $\Psi^p(T,\gamma_p,\boldsymbol{\omega})$ 表示由塑性硬化产生的塑性能,最后一项 ST 代表热能。考虑到包含变形和热传导耗散能正定性的 Clausius-Duhem 不等式可写为如下形式:

$$\boldsymbol{\Sigma}:\dot{\boldsymbol{E}}-S\dot{T}-\dot{\psi}-\frac{\boldsymbol{Q}}{T}\cdot\nabla T\geqslant0 \qquad (6.3)$$

式中,$\boldsymbol{Q}$ 为热流密度矢量,其定义见下面的傅里叶定律:

$$\boldsymbol{Q}=-\boldsymbol{\lambda}(\boldsymbol{\omega})\cdot\nabla T \qquad (6.4)$$

式中,$\boldsymbol{\lambda}(\boldsymbol{\omega})$ 为有效导热系数张量;∇T 为温度梯度。

考虑到岩体的导热系数张量与微裂纹扩展的关系[24~26],将有效导热系数张量定义为损伤变量的函数并采用均匀化的方法来预测。

对上述的自由能函数进行微分,可以得到弹塑性损伤材料的本构关系式:

$$\mathrm{d}\boldsymbol{\Sigma}=\boldsymbol{C}(T,\boldsymbol{\omega}):(\mathrm{d}\boldsymbol{E}-\mathrm{d}\boldsymbol{E}^p-\boldsymbol{\alpha}(\boldsymbol{\omega})\mathrm{d}T) \qquad (6.5)$$

式中,$\boldsymbol{\alpha}(\boldsymbol{\omega})$ 为有效热膨胀系数张量。

由于岩体内的微观结构(本章主要考虑微裂纹)不仅对有效导热系数有影响,同样影响到材料的热膨胀系数[29],因此将材料的热膨胀系数张量也表示为损伤变量的函数。

6.3 有效热学参数

以往对损伤岩体力学性质及其演化的研究表明[30],一般情况下,裂隙总是沿着某些优势方向扩展,因此材料弹性模量和塑性应变具有各向异性的演化特征。由于脆性岩体的渗透特性和热学性质的演化规律与裂隙的分布形态有关,因此其演化规律直接依赖于裂纹的扩展演化规律。例如,在三轴压缩试验条件下岩石的破坏过程中,由于裂纹的扩展与贯通,峰值强度附近的声发射事件数急剧增加。与此同时,岩石的孔隙度和 Biot 数则经历了一个急剧下降的过程。根据岩石性质相互影响的关系[27],裂纹的扩展会对岩石的热学性质产生类似的影响。

因此,为了描述裂纹分布形态对岩石热学性质的影响,根据微观力学理论,岩石中随机分布的裂纹可以用 m 簇平行分布的币形裂纹来代表,这些平行分布裂纹的法向量为 $\boldsymbol{n}$。由所施加应力引起的裂纹的扩展导致岩石内部位移的不连续以及额外宏观应变的产生。引进标量函数 $\omega(\boldsymbol{n})$ 来描述与每簇裂纹相关的损伤变量的空间分布。宏观的损伤变量 $\boldsymbol{\omega}$ 可以通过在整个单位球面上积分来获得,并且如果忽略各簇裂纹之间的相互作用,那么这个积分式可以简化成求和的形式,如式(6.6)所示:

$$\boldsymbol{\omega}=\int_{S^+}\omega(\boldsymbol{n})\boldsymbol{n}\otimes\boldsymbol{n}\mathrm{d}S=\sum_{r=1}^{m}\rho^r\omega^r\,\boldsymbol{n}^r\otimes\boldsymbol{n}^r,\quad r=1,2,\cdots,m \qquad (6.6)$$

其中,ρ^r、ω^r 和 $\boldsymbol{n}^r$ 分别为与第 r 簇裂纹相关的权重系数、损伤变量以及单位方向矢量。

6.3.1　有效导热系数

根据傅里叶导热定律,脆性裂隙岩石的热流密度矢量可以表示成

$$Q(n) = -\lambda[\omega(n)] \cdot \nabla T(n) \tag{6.7}$$

式中,$\lambda[\omega(n)]$ 为有效导热系数张量;∇T 为温度梯度。

考虑到岩体导热系数张量的演化规律与包括分布、体积分数、尺寸在内的裂纹构型有关[26,27],有效导热系数可以定义为损伤变量的函数,并且可以通过均匀化方法来预测,本节采用的关系式为

$$\lambda[\omega(n)] = \lambda^s + \sum_{r=1}^{m} \rho^r \varphi^r (\lambda^r - \lambda^s) \cdot A^r \tag{6.8}$$

式中,λ^r 和 λ^s 分别为岩石基质与第 r 簇裂纹的导热系数;φ^r 为第 r 簇裂纹的体积分数,$\varphi^r = \dfrac{4}{3} \pi \varpi \omega^r$,其中 ϖ 为裂纹的宽高比;A^r 为二阶局部化张量,可以通过不同的均匀化方法来获得。

为了简便起见,假定微观尺度上岩石基质与裂隙的热传导性质为各向同性的[31],而岩石宏观上所表现出的热传导性质的各向异性归因于微裂纹分布的各向异性。因此,假设岩石基质和裂隙的导热系数均为各向同性的,从而其导热系数张量退化为标量。采用稀疏方法可以得到局部化张量的表达式如下[14]:

$$A_{dil}^r = \frac{\lambda^s}{(1-f_0)\lambda^s + f_0 \lambda^r} (\delta - n^r \otimes n^r) + \frac{\lambda^s}{2f_0 \lambda^s + (1-2f_0)\lambda^r} n^r \otimes n^r \tag{6.9}$$

式中,λ^s 和 λ^r 分别为岩石基质与第 r 簇裂纹的导热系数;引入 f_0 来表示微裂纹的几何形状对局部化张量的影响,其表达式如下[29]:

$$f_0 = \begin{cases} \dfrac{1}{2}\left[1 - \dfrac{1}{1-\varpi^2}\left(1 - \dfrac{\varpi}{\sqrt{1-\varpi^2}}\arctan\dfrac{\sqrt{1-\varpi^2}}{\varpi}\right)\right], & 0 < \varpi < 1 \\[3mm] \dfrac{1}{3}, & \varpi = 1 \\[3mm] \dfrac{1}{2}\left\{1 + \dfrac{1}{\varpi^2-1}\left[1 - \dfrac{\varpi}{\sqrt{\varpi^2-1}}\ln\left(\dfrac{\varpi+\sqrt{\varpi^2-1}}{\varpi-\sqrt{\varpi^2-1}}\right)\right]\right\}, & \varpi > 1 \end{cases} \tag{6.10}$$

假定脆性岩石中的裂纹为钱币形状,显然,对于这类裂纹,其宽高比远远小于1,并且随着裂纹的扩展而变化。因此,本节采用式(6.10)中的第一个表达式。

将式(6.8)代入公式[31]可以得到

$$Q(n) = -\lambda^s \cdot \nabla T - \sum_{r=1}^{m} \rho^r \left(\frac{4}{3}\pi \varpi \omega^r\right)(\lambda^r - \lambda^s) A_{dil}^r[\omega(n)] \cdot \nabla T(n) \tag{6.11}$$

式(6.11)表示全部的热流密度矢量是每簇裂纹热流密度矢量之和,同样未考虑不同簇裂纹之间的相互作用。

6.3.2　有效热膨胀系数

关于热膨胀系数的讨论首先来自对复合材料的研究。一些学者通过体积平均和均匀化的方法[32]提出了计算材料热膨胀系数的关系式,本节采用以前的方法来确定裂隙岩体的热膨胀系数。考虑一个特定的参考体积 V,其内部有 m 簇平行的币形裂纹,经历均匀的温度变化 $\mathrm{d}T$,并且为无约束的自由边界,由温度的上升导致的全部应变增量可以表示为

$$\mathrm{d}\boldsymbol{E} = \alpha^{\mathrm{s}}\boldsymbol{\delta}\mathrm{d}T + \boldsymbol{H}^{T}\mathrm{d}T \tag{6.12}$$

式中,α^{s} 为岩石基质的热膨胀系数,并假设其为各向同性的;$\boldsymbol{H}^{T}$ 为裂纹的热膨胀贡献张量。

如果忽略各簇裂纹之间的相互作用,裂纹的膨胀造成的应变变化可以写成求和的形式,因此由温度变化造成的应变增量可以写成

$$\mathrm{d}\boldsymbol{E} = \alpha^{\mathrm{s}}\boldsymbol{\delta}\mathrm{d}T + \sum_{r=1}^{m}\rho^{r}\boldsymbol{H}^{T,r}\mathrm{d}T \tag{6.13}$$

注意到整个材料的平均应力为零,因此可以得到

$$\frac{V^{\mathrm{s}}}{V}\langle\boldsymbol{\sigma}\rangle_{V^{\mathrm{s}}} + \sum_{r=1}^{m}\frac{V^{r}}{V}\langle\boldsymbol{\sigma}\rangle_{V^{r}} = 0 \tag{6.14}$$

式中,V^{s} 和 V^{r} 分别为岩石基质与第 r 簇裂纹的体积;$\langle\sigma\rangle$ 为岩石基质或裂隙整个体积上的平均应力,应变增量可以表示为

$$\mathrm{d}\boldsymbol{E} = \frac{V^{\mathrm{s}}}{V}\left[\boldsymbol{S}^{\mathrm{s}}\langle\boldsymbol{\sigma}\rangle_{V^{\mathrm{s}}} + \alpha^{\mathrm{s}}\boldsymbol{\delta}\mathrm{d}T\right] + \sum_{r=1}^{m}\frac{V^{r}}{V}\left[\boldsymbol{S}^{r}\langle\boldsymbol{\sigma}\rangle_{V^{r}} + \boldsymbol{\alpha}^{r}\mathrm{d}T\right] \tag{6.15}$$

式中,$\boldsymbol{S}^{\mathrm{s}}$ 和 $\boldsymbol{S}^{r}$ 分别为岩石基质和裂隙的柔度张量;$\boldsymbol{\alpha}^{r}$ 为第 r 簇裂纹的热膨胀系数。

根据以往的研究[29],参考体积的局部胡克定律可以表示为

$$\sigma = \boldsymbol{C}^{\mathrm{s}} : (\boldsymbol{\varepsilon} - \alpha^{\mathrm{s}}\boldsymbol{\delta}\mathrm{d}T) + \sum_{r=1}^{m}\left\{\left[(\boldsymbol{C}^{r} - \boldsymbol{C}^{\mathrm{s}}) : \boldsymbol{\varepsilon} - (\boldsymbol{C}^{r} : \boldsymbol{\alpha}^{r} - \boldsymbol{C}^{\mathrm{s}} : (\alpha^{\mathrm{s}}\boldsymbol{\delta}))\mathrm{d}T\right]\chi(\Omega^{r})\right\}$$

$$\tag{6.16}$$

式中,$\chi(\Omega^{r})$ 为第 r 簇裂纹所占体积 Ω^{r} 的特征函数;$\chi(\Omega^{r})$ 的值在 Ω^{r} 内部为 1,在 Ω^{r} 外部为 0。

平衡方程 $\partial\sigma_{ij}/\partial x_{i} = 0$ 可以写成为

$$C_{ijkl}^{\mathrm{s}}\frac{\partial\varepsilon_{kl}}{\partial x_{i}} + \sum_{r=1}^{m}\frac{\partial}{\partial x_{i}}\left\{\left[(C_{ijkl}^{r} - C_{ijkl}^{\mathrm{s}})\varepsilon_{kl} - (C_{ijkl}^{r}\alpha_{kl}^{r} - \alpha^{\mathrm{s}}C_{ijkl}^{\mathrm{s}}\delta_{kl})\mathrm{d}T\right]\chi(\Omega^{r})\right\} = 0$$

$$\tag{6.17}$$

利用 Eshelby[33] 问题的解答来求解上面的方程。通过一些运算后,第 r 簇裂纹的热膨胀贡献张量 $\boldsymbol{H}^{T,r}$ 可以写为[29]

$$H_{ij}^{T,r} = \varphi^{r}(S_{ijmn}^{r} - S_{ijmn}^{\mathrm{s}})C_{ijmn}\Theta_{qprs}^{r}S_{rskl}^{\mathrm{s}}(S_{klmn}^{r} - S_{klmn}^{\mathrm{s}})^{-1}(\alpha_{mn}^{r} - \alpha^{\mathrm{s}}\delta_{mn}) \tag{6.18}$$

式中，Θ_{qprs}是各向同性 Eshelby 问题的应变局部化张量，可以写成下面的形式：

$$\Theta_{ijkl} = \left[J_{ijkl} + P_{ijmn} \left(C_{mnkl} - C^s_{mnkl} \right) \right]^{-1} \tag{6.19}$$

式中，$J_{ijkl} = (\delta_{ik}\delta_{jl} + \delta_{il}\delta_{jk})/2$ 为四阶单位张量；P_{ijmn} 为四阶 Hill 张量。

　　相似地，同样引进微观各向同性的假设来确定热膨胀系数。假定在微观尺度上热膨胀系数是各向同性的，因此，第 r 簇裂纹的热膨胀系数可以用一个标量 α^r 来表示，热膨胀系数张量退化为可以用 Sevostianov[29] 给出的格式来表示：

$$H^{T,r}_{ij} = \varphi^r (\alpha^r - \alpha^s) \cdot \left[M_1 (\delta_{ij} - n^r_i \otimes n^r_j) + M_2 n^r_i \otimes n^r_j \right] \tag{6.20}$$

式中，

$$M_1 = \frac{1}{1 + \tau(1 - f_0)}, \quad M_2 = \frac{1}{1 + 2\tau f_0} \tag{6.21}$$

其中，M_1 和 M_2 用来表征热膨胀贡献张量对微裂纹宽高比（参数 f_0）以及岩石基质与裂纹体积模量差别（参数 τ）的依赖性。

　　Sevostianov[29] 给出的参数 τ 的定义为

$$\tau = \frac{(k^s - k^r)}{k^r} \frac{1 - 4(\nu^s)^2}{1 - (\nu^s)^2} \tag{6.22}$$

式中，k^s 和 k^r 分别为岩石基质与裂纹的体积模量；ν^s 为岩石基质的泊松比。

　　注意到裂纹的热膨胀系数和体积模量由其中充填材料（如干燥空气、水和油）所决定。例如，当研究干燥条件下的岩石时，岩石的裂纹中填充着干燥空气，此时，岩石裂纹的热膨胀系数和体积模量就是干燥空气的热膨胀系数和体积模量。

　　将式（6.20）代入式（6.13），含有 m 簇微裂纹的岩石材料的有效热膨胀系数可以写为

$$\boldsymbol{\alpha} = \alpha^s \boldsymbol{\delta} + \sum_{r=1}^{m} \rho^r \varphi^r (\alpha^r - \alpha^s) \cdot \left[M_1 (\boldsymbol{\delta} - \boldsymbol{n} \otimes \boldsymbol{n}) + M_2 \boldsymbol{n} \otimes \boldsymbol{n} \right] \tag{6.23}$$

6.4　裂纹分布及裂隙流体对岩石有效热传导特性的影响

　　为了使用式（6.8）和式（6.23）来计算岩石材料的有效热传导和热膨胀系数，需要首先知道材料的一些性质，包括微裂纹的分布以及宽高比、裂隙流体的种类等。Richter 等[34] 定义的币形微裂纹一个方向的尺寸远小于其他两个方向。根据以往的研究[24] 来看，当裂纹的宽高比很小时，式（6.8）和式（6.23）对参数 f_0、M_1 和 M_2 的依赖性非常小。因此，为了简便，假定在裂纹扩展的过程中，宽高比保持为常数，即 $\varpi = 0.03$。也就是说，假定裂纹以自相似的形式扩展。下面所需要考虑的就是裂纹分布以及裂隙流体的影响。

　　考虑一个饱和的圆柱形岩石试样，并且采用一个固定的柱坐标系统，其中，选取圆柱试样的轴线方向为 x_1 轴。为了简便，假定在此圆柱试样内只存在一簇微裂纹，同时其法线方向从 e_3 转向 e_1。

6.4.1　裂纹方位的影响

假定研究的岩石材料的孔隙完全被水填充,此时岩石的有效导热系数可以写为

$$\lambda_{11} = \lambda^s + \rho^1 \varphi^1 (\lambda^1 - \lambda^s) \frac{\lambda^s}{2f_0 \lambda^s + (1 - 2f_0)\lambda^1} (\boldsymbol{\delta} - \boldsymbol{n}^1 \otimes \boldsymbol{n}^1) : (\boldsymbol{e}_1 \otimes \boldsymbol{e}_1)$$

$$+ \rho^1 \varphi^1 (\lambda^1 - \lambda^s) \frac{\lambda^s}{(1 - f_0)\lambda^s + f_0 \lambda^1} (\boldsymbol{n}^1 \otimes \boldsymbol{n}^1) : (\boldsymbol{e}_1 \otimes \boldsymbol{e}_1) \qquad (6.24)$$

$$\lambda_{33} = \lambda^s + \rho^1 \varphi^1 (\lambda^1 - \lambda^s) \frac{\lambda^s}{2f_0 \lambda^s + (1 - 2f_0)\lambda^1} (\delta - \boldsymbol{n}^1 \otimes \boldsymbol{n}^1) : (\boldsymbol{e}_3 \otimes \boldsymbol{e}_3)$$

$$+ \rho^1 \varphi^1 (\lambda^1 - \lambda^s) \frac{\lambda^s}{(1 - f_0)\lambda^s + f_0 \lambda^1} (\boldsymbol{n}^1 \otimes \boldsymbol{n}^1) : (\boldsymbol{e}_3 \otimes \boldsymbol{e}_3) \qquad (6.25)$$

式中,λ_{11} 和 λ_{33} 分别为轴向和侧向的有效导热系数;λ^1、$\boldsymbol{n}^1$ 和 φ^1 分别为裂纹的导热系数、单位法向矢量和体积分数。

根据之前的研究[35],一些典型脆性岩石的导热系数为 1.73～5.9W/(m·K)。对花岗岩这种作为地下核废料处置库处置候选基岩的岩石来说,本节选择其导热系数的平均值为 $\lambda^s = 3.15\text{W/(m·K)}$。在岩石中的裂隙全被水充填的条件下,裂隙的导热系数也就是水的导热系数,取值为 $\lambda^1 = 0.6\text{W/(m·K)}$。由于只考虑一簇微裂纹,因此权重系数等于 1。另外,给定损伤变量为 $\omega^1 = 0.5$。

图 6.1 给出了随着裂纹方位角的变化岩石有效导热系数和有效热膨胀系数的演化规律。当裂纹的法向由 e_3 轴转向 e_1 轴时,轴向导热系数从初始的 2.98W/(m·K) 减小到最后的 2.44W/(m·K)。然而,侧向导热系数的演化规律与轴向正好相反,即从初始的 2.44W/(m·K)增大到最后的 2.98W/(m·K)。从模拟结果可以看出,裂纹的存在会导致导热系数弱化。然而,这种弱化作用在轴向和侧向表现出各向异性的特征。

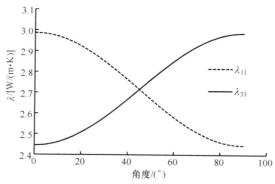

图 6.1　轴向和侧向有效导热系数的演化规律

与之相似,式(6.23)中的有效热膨胀系数的分量可以写为

$$\alpha_{11}=\alpha^s+\rho^1\varphi^1(\alpha^1-\alpha^s)M_1(\pmb{\delta}-\pmb{n}^1\otimes\pmb{n}^1):(\pmb{e}_1\otimes\pmb{e}_1)$$
$$+\rho^1\varphi^1(\alpha^1-\alpha^s)M_2(\pmb{n}^1\otimes\pmb{n}^1):(\pmb{e}_1\otimes\pmb{e}_1) \tag{6.26}$$

$$\alpha_{33}=\alpha^s+\rho^1\varphi^1(\alpha^1-\alpha^s)M_1(\pmb{\delta}-\pmb{n}^1\otimes\pmb{n}^1):(\pmb{e}_3\otimes\pmb{e}_3)$$
$$+\rho^1\varphi^1(\alpha^1-\alpha^s)M_2(\pmb{n}^1\otimes\pmb{n}^1):(\pmb{e}_3\otimes\pmb{e}_3) \tag{6.27}$$

式中,α_{11}和α_{33}分别为轴向和侧向的热膨胀系数。本次模拟取花岗岩基质的热膨胀系数为 $\alpha^s=8.5\times10^{-6}\mathrm{K}^{-1}$。$\alpha^1$ 表示裂纹的热膨胀系数,由于裂隙由水充填,此时取为水的热膨胀系数,即 $\alpha^1=2.07\times10^{-4}\mathrm{K}^{-1}$。岩石基质与水的体积模量分别取值为 $k^s=53000\mathrm{MPa},k^1=2200\mathrm{MPa}$。由于取水的体积模量作为裂隙的体积模量,此时假定岩石中的裂隙网络为闭合状态。

图 6.2 给出了轴向和侧向有效热膨胀系数的演化规律,其规律与有效导热系数的演化规律相似。可以看出,裂纹的分布造成有效导热系数和热膨胀系数明显的各向异性特征。模拟结果证实了 Cooper 等[17]和 Somerton[18]在室内试验中发现的岩石热膨胀系数对裂隙或层理很强的依赖性。在前者的试验中,所用的材料是经过加热-降温循环的裂隙岩石,此时可以假定岩石中的裂隙是张开的且同空气连通,所以此时裂隙的体积模量非常小。结果表明,在与裂隙最集中的面垂直方向上,热膨胀系数最小。后者进行的热膨胀系数试验所用的是含有层理面的 Berea 岩,试验结果表明,垂直层理面方向的热膨胀系数要大于平行于层理面方向的热膨胀系数。尽管裂隙与层理面的热膨胀系数都小于岩石基质的热膨胀系数,但是两者关于热膨胀系数的试验却表现出不同的各向异性特征。这种现象应归因于岩石基质与夹杂(裂隙或层理面)体积模量的差异性,因此获得岩石基质与夹杂体积模量数值对于岩石有效热膨胀系数的准确预测有很大影响。

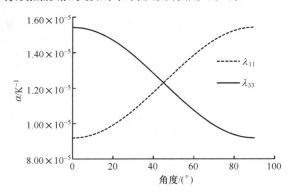

图 6.2　轴向和侧向有效热膨胀系数的演化规律

6.4.2　裂隙流体的影响

在地下岩土工程中,围岩中的裂隙通常充填不同的流体,包括水、油、气等。由于岩石基质与裂隙流体热学性质的差异,这些裂隙岩体的有效热学性质依赖于裂隙中充填的流体,裂隙中充填不同的流体则导致工程围岩表现出不同的热学性质。为了计算简便,只考虑岩体中的裂隙由水、油以及干燥空气饱和三种情况下的轴向有效导热系数和热膨胀系数。表 6.1 给出了空气、水和油的导热系数、热膨胀系数以及体积模量的典型数值。图 6.3 和图 6.4 分别给出了对于含有一簇裂纹的岩石试样,当裂纹的法线方向从 e_3 方向转向 e_1 方向时,轴向有效导热系数和热膨胀系数的演化规律。

表 6.1　空气、水和油的导热系数、热膨胀系数以及体积模量的典型数值

材料	导热系数/[W/(m·K)]	热膨胀系数/K^{-1}	体积模量/MPa
空气	0.024	2.72×10^{-3}	1.42×10^5
油	0.15	9.5×10^{-4}	1.07×10^9
水	0.6	2.07×10^{-4}	1.79×10^9

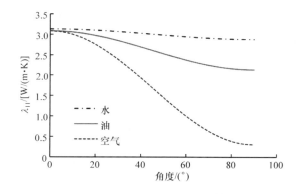

图 6.3　不同流体充填条件下轴向导热系数的演化规律

从图 6.3 可以看出,饱水岩石的导热系数最大,然后依次是由油和空气饱和的岩石,该顺序和这三种流体的导热系数大小顺序一致。因此,可以得出结论:饱和岩样的有效导热系数大小取决于岩石裂隙中充填的流体。本次导热系数模拟结果与 Woodside 等[36]进行的由不同流体充填的砂岩导热系数试验结果一致。

图 6.4 给出了裂隙流体对有效热膨胀系数的影响。在裂隙由空气充填的情况下,随着裂隙方位的改变,岩石试样的有效热膨胀系数几乎不发生改变;然而,在充填水和油的情况下,试样的有效热膨胀系数有较大的变化。尽管空气的热膨胀系

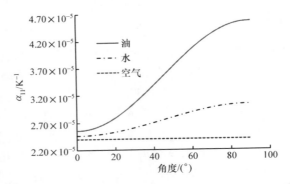

图 6.4　不同流体充填条件下轴向热膨胀系数的演化规律

数比岩石基质稍大,但是由于空气和岩石基质体积模量的巨大差异,岩石的热膨胀系数的变化很小。这种现象同样说明,岩石基质与夹杂之间体积模量的差异是预测岩石有效热膨胀系数的一个重要因素。

6.5　应力状态对岩石有效热传导特性的影响

前面的分析表明,脆性岩石的有效热学性质与裂纹的分布以及裂隙流体密切相关。另外,岩石材料中由应力诱发的裂纹在某个优势方向一般会经历一个扩展贯通的过程。因此将对所施加的应力对岩石有效热学性质的影响进行分析。

为了简便,本次数值模拟中,岩石的本构模型采用 Hu 等[37] 提出的各向异性塑性损伤耦合模型。该模型是针对饱和脆性岩石提出的,且基于离散化的方法,使用该模型可以计算出由应力引起的材料损伤。基于 6.2 节中提到的岩石热学性质与损伤变量之间的相互关系,对应力条件下岩石的有效导热系数和热膨胀系数演化规律进行预测,此时,只考虑岩石裂隙由水饱和的情况。

下面对该模型基于离散方法的脆性岩石各向异性塑性损伤耦合模型做一个简单的介绍,全部的塑性应变 $\boldsymbol{E}^p$ 可以定义为与各簇裂纹相关局部塑性应变的加权和:

$$\boldsymbol{E}^p = \sum_{r=1}^m \rho^r \boldsymbol{\varepsilon}^{p,r}, \boldsymbol{E}^{p,r} = \beta^r \boldsymbol{n}^r \otimes \boldsymbol{n}^r + \frac{1}{2}(\boldsymbol{\gamma}^r \otimes \boldsymbol{n}^r + \boldsymbol{n}^r \otimes \boldsymbol{\gamma}^r), \quad r = 1,2,\cdots,m$$

(6.28)

式中,$\boldsymbol{\varepsilon}^{p,r}$、$\boldsymbol{\gamma}^r$ 和 β^r 分别为第 r 簇裂纹的局部塑性应变、剪切应变和法向应变。

大量岩石室内力学试验结果表明,大多数脆性岩石可以视为黏聚力-摩擦材料,因此采用一个库仑型的塑性屈服函数来描述沿每簇裂纹的摩擦滑移:

$$f_p^r(\sigma_n^r, \sigma_t^r, \gamma_p) = \sigma_t^r + \alpha_p^r(\sigma_n^r - c_0) - R_p^r \leqslant 0$$

(6.29)

式中,σ_n^r 和 σ_t^r 分别为第 r 簇裂纹的局部法向和切向应力,其定义如下:

$$\sigma_n^r = (\boldsymbol{\Sigma} : \boldsymbol{N}^r : \boldsymbol{\Sigma})^{1/2}, \quad \sigma_t^r = \left(\frac{1}{2} \boldsymbol{\Sigma} : \boldsymbol{T}^r : \boldsymbol{\Sigma}\right)^{1/2} \tag{6.30}$$

式中,

$$N_{ijkl}^r = n_i^r n_j^r n_k^r n_l^r$$

$$T_{ijkl}^r = \frac{1}{2}(\delta_{ik} n_j^r n_l^r + \delta_{il} n_j^r n_k^r + \delta_{jk} n_i^r n_l^r + \delta_{jl} n_i^r n_k^r - 4 n_i^r n_j^r n_k^r n_l^r) \tag{6.31}$$

参数 c_0 表示裂纹的黏聚力,且认为是一个常数。函数 α_p^r 表示第 r 簇裂纹的摩擦系数,并且控制着材料的塑性硬化行为。将其定义为广义塑性剪应变 γ_p 的函数:

$$\alpha_p^r = \alpha_p^f - (\alpha_p^f - \alpha_p^0) e^{-a_2 \gamma_p^r} \tag{6.32}$$

式中,

$$d\gamma_p^r = 2(d\boldsymbol{\varepsilon}^{p,r}) : \boldsymbol{T} : (d\boldsymbol{\varepsilon}^{p,r}) = d\gamma \cdot d\gamma \tag{6.33}$$

参数 α_p^0 和 α_p^f 分别为硬化函数的初始值和终值,参数 a_2 控制着摩擦系数的演化速率。

式(6.29)的 R_p^r 是用来描述薄弱滑动面内的各向同性硬化/软化效应,同样定义为广义塑性应变的函数:

$$R_p^r = H_1 \gamma_p^r e^{-a_3 \gamma_p^r} \tag{6.34}$$

参数 H_1 和 a_3 控制着 R_p^r 的演化速率。

采用非关联流动法则的塑性势能函数如下:

$$g_p^r(\sigma_t^r, \sigma_n^r, \gamma_p) = \sigma_t^r + \eta_p^r \sigma_n^r \tag{6.35}$$

式中, η_p^r 为塑性法向应变与切向应变的比例,这样由裂纹张开所导致的体积膨胀以及裂纹闭合所导致的体积压缩就可以很好地描述。

为了描述岩石体积变形压缩/膨胀转化,定义 η_p^r 为等效塑性应变的函数:

$$\eta_p^r = \eta_p^f - (\eta_p^f - \eta_p^0) e^{-a_4 \gamma_p^r} \tag{6.36}$$

式(6.36)中的两个参数 η_p^0 和 η_p^f 分别表示塑性膨胀系数的初始值和终值,参数 a_4 控制塑性膨胀系数的演化速率。

随着材料的损伤,岩石材料会发生损伤,损伤材料的有效弹性刚度张量可以写成下面的形式:

$$\boldsymbol{C}[\omega(\boldsymbol{n})] = \boldsymbol{C}^0 - 5\mu^0 \sum_{r=1}^m \rho^r \omega^r \boldsymbol{T}^r - 3k^0 \sum_{r=1}^m \rho^r \omega^r (3\boldsymbol{N}^r - \boldsymbol{T}) \tag{6.37}$$

式中, $\boldsymbol{C}^0$、k^0 和 μ^0 分别表示材料无损伤状态下的初始弹性模量、体积模量和剪切模量。

损伤变量的演化规律定义成如下的指数型函数:

$$f_\omega^r = \omega^r - (1 - e^{-a_5 \gamma_p^r}) \leqslant 0 \tag{6.38}$$

式中, a_5 为控制损伤演化的速率。

采用该模型首先对饱水花岗岩试样进行 2MPa 围压条件下的常规三轴压缩试验,对所用的岩石试样进行矿物成分分析。结果表明,岩样主要由石英(30%)、白长石(20%)、斜长石(45%)以及黑云母(5%)组成。表 6.2 给出了模拟中使用的模型参数。

表 6.2　数值模拟采用的花岗岩模型参数

参数	数值
弹性性质	$E_0=39655\text{MPa},\nu_0=0.20$
塑性屈服参数	$a_P^0=0.85,a_P^f=1.65,a_2=500,c_0=38.0\text{MPa},H_1=1388\text{MPa},a_3=50$
塑性势参数	$\eta_P^0=0.1,\eta_P^f=1.05,a_4=600$
损伤演化参数	$a_5=200$

图 6.5 给出了花岗岩试样的常规三轴压缩试验以及数值模拟结果。可以看出,该各向异性塑性损伤耦合模型能够较好地模拟三轴压缩试验结果。

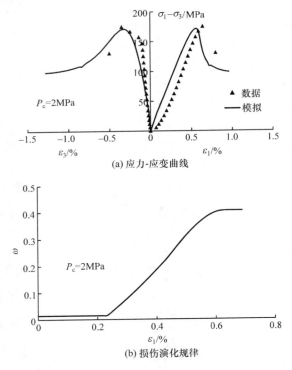

图 6.5　常规三轴压缩试验与数值模拟结果

在数值模拟计算中,可以确定裂纹的分布,然后通过计算得出加载过程中损伤变量的演化规律。根据岩石有效热学性质与损伤变量之间的关系[式(6.8)和式(6.23)],通过计算可以得出岩石有效导热系数和热膨胀系数的演化规律。由于试验与模拟的研究对象为饱水花岗岩,岩石有效热学性质计算中所需的参数就采用 6.3.1 节中的参数。

图 6.6 给出了常规三轴压缩试验下的轴向与侧向有效导热系数的数值模拟结果。由于裂隙中水的导热系数比花岗岩基质的小,在进入塑性之后,轴向和侧向的有效导热系数都有减小的趋势。与此同时,岩石的有效导热系数表现出明显的各向异性。从图 6.6 还可以看出,随着损伤的演化,岩石侧向导热系数的下降速率比轴向的大,这种差别可归因于应力诱发的裂纹在侧向的扩展占有优势,在砂岩中关于有效模量和渗透率的研究同样发现了与之类似的现象[38]。

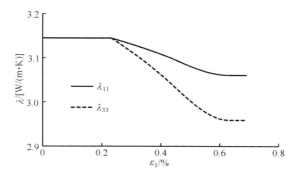

图 6.6　饱和花岗岩试样常规三轴压缩条件下轴向与侧向有效导热系数的演化规律

图 6.7 给出了饱和花岗岩试样常规三轴压缩条件下轴向和侧向有效热膨胀系数的演化规律。热膨胀系数的演化规律与导热系数规律类似。然而,由于裂隙中水的热膨胀系数比花岗岩基质的大,因此随着裂纹的扩展,轴向和侧向的有效热膨胀系数都增加了。此外,有效热膨胀系数的演化规律也表现出明显的由应力引起的各向异性。

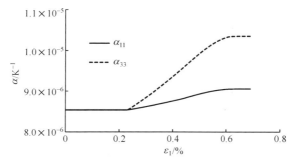

图 6.7　饱和花岗岩试样常规三轴压缩条件下有效热膨胀系数的演化规律

6.6　本章小结

本章基于均匀化的离散方法,忽略不同方向裂纹之间的相互作用关系,推导出裂隙岩石材料有效导热系数和热膨胀系数的表达式。为了分析裂纹分布和裂隙流体对岩石有效导热系数和热膨胀系数的影响,只考虑一簇不同方向微裂纹的存在。模拟结果表明,裂纹不同方位的分布状态使得岩石的有效热传导和热膨胀性质表现出明显的各向异性,岩石的有效导热系数和热膨胀系数在平行于裂纹法线的方向上最小。同时,分别计算了岩石裂隙由干燥空气、水和油饱和条件下的有效导热系数和热膨胀系数。岩石基质与裂隙之间体积模量的差别也会对有效热膨胀系数有较大的影响。饱和岩石试样的有效导热系数直接取决于裂隙充填流体的导热系数。然而,岩石的有效热膨胀系数不仅取决于裂隙流体的热膨胀系数,还和岩石基质与裂隙流体体积模量的差别有关。最后对饱和花岗岩试样进行了常规三轴压缩试验模拟。结果表明,应力诱发微裂纹的扩展会导致岩石的有效热传导和热膨胀性质表现出明显的各向异性。

参 考 文 献

[1] Birch A F,Clark H. The thermal conductivity of rocks and its dependence upon temperature and composition[J]. American Journal of Science,1940,238(8):529-558.

[2] Walsh J B,Decker E R. Effect of pressure and saturating fluid on the thermal conductivity of compact rock[J]. Journal of Geophysical Research,1966,71(12):3053-3061.

[3] Robertson E C,Peck D L. Thermal conductivity of vesicular basalt from Hawaii[J]. Journal of Geophysical Research Atmospheres,1974,79(79):4875-4888.

[4] Schärli U,Rybach L. On the thermal conductivity of low-porosity crystalline rocks[J]. Tectonophysics,1984,103(1-4):307-313.

[5] Dusseault M B,Yin S,Rothenburg L,et al. Seismic monitoring and geomechanics simulation [J]. Leading Edge,2007,26(5):610-620.

[6] Popov Y,Tertychnyi V,Romushkevich R,et al. Interrelations between thermal conductivity and other physical properties of rocks:Experimental data[J]. Pure and Applied Geophysics,2003,160(5-6):1137-1161.

[7] Davis M G,Chapman D S,Wagoner T M V,et al. Thermal conductivity anisotropy of meta-sedimentary and igneous rocks[J]. Journal of Geophysical Research Solid Earth,2007,112(B5):622-634.

[8] Jorand R,Fehr A,Koch A,et al. Study of the variation of thermal conductivity with water saturation using nuclear magnetic resonance[J]. Journal of Geophysical Research Atmospheres,2011,116(B8):4684-4698.

[9] Yu L,Weetjens E,Sillen X,et al. Consequences of the thermal transient on the evolution of

the damaged zone around a repository for heat-emitting high-level radioactive waste in a clay formation：A performance assessment perspective[J]. Rock Mechanics and Rock Engineering,2014,47(1):3-19.

[10] Görgülü K,Durutürk Y S,Demirci A,et al. Influences of uniaxial stress and moisture content on the thermal conductivity of rocks[J]. International Journal of Rock Mechanics and Mining Sciences,2008,45(8):1439-1445.

[11] Abdulagatova Z,Abdulagatov I M,Emirov V N. Effect of temperature and pressure on the thermal conductivity of sandstone[J]. International Journal of Rock Mechanics and Mining Sciences,2009,46(6):1055-1071.

[12] Demirci A,Görgülü K,Durutürk Y S. Thermal conductivity of rocks and its variation with uniaxial and triaxial stress[J]. International Journal of Rock Mechanics and Mining Sciences,2004,41(7):1133-1138.

[13] Zimmerman R W. Thermal conductivity of fluid-saturated rocks[J]. Journal of Petroleum Science & Engineering,1989,3(3):219-227.

[14] Gruescu C,Giraud A,Homand F,et al. Effective thermal conductivity of partially saturated porous rocks[J]. International Journal of Solids and Structures,2007,44(3):811-833.

[15] Cho W J,Kwon S,Choi J W. The thermal conductivity for granite with various water contents[J]. Engineering Geology,2009,107(3-4):167-171.

[16] Aichlmayr H T,Kulacki F A. The Effective Thermal Conductivity of Saturated Porous Media[J]. Advances in Heat Transfer,2006,39(1):377-460.

[17] Cooper H W,Simmons G. The effect of cracks on the thermal expansion of rocks[J]. Earth & Planetary Science Letters,1977,36(3):404-412.

[18] Somerton W H. Thermal properties and temperature-relayed behavior of rock[J]. Journal of volcanology & Geothermal Research,1993,56(1-2):171-172.

[19] Brodsky N S,Riggins M,Connolly J. Thermal expansion,thermal conductivity,and heat capacity measurements at Yucca Mountain Nevada[J]. International Journal of Rock Mechanics and Mining Sciences,1997,34(s 3-4):40. e1-40. e15.

[20] Hsu C T,Cheng P,Wong K W. Modified Zehner-Schlunder models for stagnant thermal conductivity of porous media[J]. International Journal of Heat and Mass Transfer,1994,37(17):2751-2759.

[21] Seipold U. Temperature dependence of thermal transport properties of crystalline rocks—A general law[J]. Tectonophysics,1998,291(s 1-4):161-171.

[22] Alishaev M G,Abdulagatov I M,Abdulagatova Z Z. Effective thermal conductivity of fluid-saturated rocks：Experiment and modeling[J]. Engineering Geology, 2012, 135-136 (7): 24-39.

[23] Buntebarth G,Schopper J R. Experimental and theoretical investigations on the influence of fluids,solids and interactions between them on thermal properties of porous rocks[J]. Physics & Chemistry of the Earth,1998,23(9-10):1141-1146.

[24] Chen Y F,Li D Q,Jiang Q H,et al. Micromechanical analysis of anisotropic damage and its influence on effective thermal conductivity in brittle rocks[J]. International Journal of Rock Mechanics and Mining Sciences,2012,50(2):102-116.

[25] Chen Y F,Zhou S,Hu R,et al. A homogenization-based model for estimating effective thermal conductivity of unsaturated compacted bentonites[J]. International Journal of Heat and Mass Transfer,2015,83:731-740.

[26] Giraud A,Gruescu C,Do D P,et al. Effective thermal conductivity of transversely isotropic media with arbitrary oriented ellipsoïdal inhomogeneities[J]. International Journal of Solids and Structures,2007,44(9):2627-2647.

[27] Kachanov M,Sevostianov I,Shafiro B. Explicit cross-property correlations for porous materials with anisotropic microstructures[J]. Journal of the Mechanics and Physics of Solids, 2001,49(1):1-25.

[28] Sevostianov I. Thermal conductivity of a material containing cracks of arbitrary shape[J]. International Journal of Engineering Science,2006,44(8-9):513-528.

[29] Sevostianov I. On the thermal expansion of composite materials and cross-property connection between thermal expansion and thermal conductivity[J]. Mechanics of Materials,2012, 45:20-33.

[30] Hu D W,Zhou H,Zhang F,et al. Evolution of poroelastic properties and permeability in damaged sandstone[J]. International Journal of Rock Mechanics and Mining Sciences,2010, 47(6):962-973.

[31] Cheng H D. Material coefficients of anisotropic poroelasticity[J]. International Journal of Rock Mechanics and Mining Sciences,1997,34(96):199-205.

[32] Schapery R A. Thermal expansion coefficients of composite materials based on energy principles[J]. Journal of Composite Materials,1968,2(3):380-404.

[33] Eshelby J D. Elastic inclusions and inhomogeneities[J]. Progress in Solid Mechanics,1961: 87-140.

[34] Richter D,Simmons G,Siegfried R. Microcracks,micropores,and their petrologicinterpretation for 72415 and 15418[C]//Proceedings of the 7th Lunar Science Conference,Houston,1976.

[35] Nagaraju P,Roy S. Effect of water saturation on rock thermal conductivity measurements [J]. Tectonophysics,2014,626(1):137-143.

[36] Woodside W,Messmer J H. Thermal conductivity of porous media. II. Consolidated rocks [J]. Journal of Applied Physics,1961,32(9):1699-1706.

[37] Hu D W,Zhou H,Shao J F. An anisotropic damage-plasticity model for saturated quasi-brittle materials[J]. International Journal for Numerical and Analytical Methods in Geomechanics,2013,37(12):1691-1710.

[38] Zhu Q Z,Kondo D,Shao J F. Micromechanical analysis of coupling between anisotropic damage and friction in quasi brittle materials:Role of the homogenization scheme[J]. International Journal of Soilds & Structures,2008,45(5):1385-1405.

第7章 砂岩 HMC 耦合本构模型

7.1 前　　言

地下工程中围岩在运行期间往往会接触到一些侵蚀性离子,从而产生侵蚀作用,如雨水、地下水、酸性液体等。与此同时,地下围岩结构还承受应力荷载作用。许多研究显示[1~16],地下结构同时受应力荷载作用和侵蚀液体劣化作用,是一个渗流-应力-化学(hydrological-mechanical-chemical,HMC)耦合的问题。一方面化学侵蚀作用导致岩土材料的孔隙度增加。孔隙度增加导致岩土材料的力学参数(弹性模量和强度)降低,同时为侵蚀性液体提供传输通道,加速化学侵蚀的速度。另一方面,力学荷载在岩土材料中产生微裂纹。这些微裂纹会为侵蚀性液体提供传输通道,加速化学侵蚀速度。因此,必须深入分析耦合的内在机制,在此基础上建立较为合适的 HMC 耦合本构模型。

为了描述岩土材料的 HMC 耦合现象,研究者已经提出了许多不同的本构模型[9,17~23]。这些模型利用微观和宏观多尺度唯象学方法通过耦合化学、传输和力学过程来描述 HMC 耦合过程,并主要将重点放在力学模型上。化学反应对力学模型的影响通常利用经验公式来描述,因此这些模型都不能很好地考虑化学反应的演化过程。

然而,岩土材料的矿物组成和外界环境条件会随着时间和空间的变化而变化,因此,对于不同的矿物成分和外界条件很难给出一个准确的化学反应速率准则,所以要为每种矿物成分在各种环境条件下(酸性、中性和碱性环境)确立一个反应速率准则。除此之外,为了考虑力学损伤对质量传输的影响,在对流方程中同时耦合了化学损伤和力学损伤。本章首先提出一个 HMC 耦合的总框架,然后总结砂岩 HMC 耦合的试验研究,并基于上述框架和试验研究结果,提出一个特殊的HMC 耦合模型。最后,给出模型的数值算法、参数的确定过程和数值模拟的结果。

7.2 模 型 框 架

为了描述岩土材料的 HMC 耦合作用,在此定义两个损伤变量:力学损伤变量和化学损伤变量,这两个变量的物理机理完全不同。力学损伤是由材料基质的微裂纹造成的,化学损伤是由材料矿物颗粒的溶解导致材料孔隙度的增加造成的。

本章主要考虑如下主要现象:弹性变形由弹性应变张量 $\boldsymbol{\varepsilon}^{\mathrm{e}}$ 表示;塑性变形由即时塑性应变张量 $\boldsymbol{\varepsilon}^{\mathrm{p}}$ 和流变应变张量 $\boldsymbol{\varepsilon}^{\mathrm{vp}}$ 表示;力学损伤由内变量 d_{m} 表示;化学损伤由内变量 d_{c} 表示。在小位移和小变形的假设下,总应变增量可以表示为弹性应变增量 $\mathrm{d}\boldsymbol{\varepsilon}^{\mathrm{e}}$,即时塑性应变增量 $\mathrm{d}\boldsymbol{\varepsilon}^{\mathrm{p}}$ 和流变应变增量 $\mathrm{d}\boldsymbol{\varepsilon}^{\mathrm{vp}}$ 之和:

$$\mathrm{d}\boldsymbol{\varepsilon}=\mathrm{d}\boldsymbol{\varepsilon}^{\mathrm{e}}+\mathrm{d}\boldsymbol{\varepsilon}^{\mathrm{p}}+\mathrm{d}\boldsymbol{\varepsilon}^{\mathrm{vp}} \tag{7.1}$$

这里,假设等温条件,则热动力势函数表示为

$$\psi(\boldsymbol{\varepsilon}^{\mathrm{e}},\boldsymbol{\varepsilon}^{\mathrm{p}},\boldsymbol{\varepsilon}^{\mathrm{vp}},d_{\mathrm{m}},d_{\mathrm{c}})=\frac{1}{2}(\boldsymbol{\varepsilon}-\boldsymbol{\varepsilon}^{\mathrm{p}}-\boldsymbol{\varepsilon}^{\mathrm{vp}}):\boldsymbol{C}(d_{\mathrm{m}},d_{\mathrm{c}}):(\boldsymbol{\varepsilon}-\boldsymbol{\varepsilon}^{\mathrm{p}}-\boldsymbol{\varepsilon}^{\mathrm{vp}})$$
$$+\psi^{\mathrm{p}}(\boldsymbol{\varepsilon}^{\mathrm{p}},d_{\mathrm{m}},d_{\mathrm{c}})+\psi^{\mathrm{vp}}(\boldsymbol{\varepsilon}^{\mathrm{c}},d_{\mathrm{m}},d_{\mathrm{c}}) \tag{7.2}$$

式中,$\boldsymbol{C}(d_{\mathrm{m}},d_{\mathrm{c}})$ 为四阶有效弹性刚度张量,并且与力学损伤 d_{m} 和化学损伤 d_{c} 联系在一起;ψ^{p} 和 ψ^{vp} 分别为即时塑性能和流变能,对热动力势函数求导,得到状态方程为

$$\boldsymbol{\sigma}=\frac{\partial\psi}{\partial\boldsymbol{\varepsilon}^{\mathrm{e}}}=\boldsymbol{C}(d_{\mathrm{m}},d_{\mathrm{c}}):(\boldsymbol{\varepsilon}-\boldsymbol{\varepsilon}^{\mathrm{p}}-\boldsymbol{\varepsilon}^{\mathrm{vp}}) \tag{7.3}$$

对于各向同性材料,损伤材料的有效弹性刚度张量表示为

$$\boldsymbol{C}(d_{\mathrm{m}},d_{\mathrm{c}})=2\mu(d_{\mathrm{m}},d_{\mathrm{c}})\boldsymbol{K}+3k(d_{\mathrm{m}},d_{\mathrm{c}})\boldsymbol{J} \tag{7.4}$$

式中,$k(d_{\mathrm{m}},d_{\mathrm{c}})$ 为损伤材料的体积模量;$\mu(d_{\mathrm{m}},d_{\mathrm{c}})$ 为损伤材料的剪切模量。

各向同性四阶对称张量定义为

$$\boldsymbol{J}=\frac{1}{3}\boldsymbol{\delta}\otimes\boldsymbol{\delta},\quad \boldsymbol{K}=\boldsymbol{I}-\boldsymbol{J} \tag{7.5}$$

式中,$\boldsymbol{\delta}$ 为二阶单位张量;$\boldsymbol{I}=\boldsymbol{\delta}\bar{\otimes}\boldsymbol{\delta}$ 表示四阶对称单位张量,$I_{ijkl}=\frac{1}{2}(\delta_{ik}\delta_{jl}+\delta_{il}\delta_{jk})$。

注意,对于任意二阶张量 $\boldsymbol{E}$,都有如下关系:

$$\boldsymbol{J}:\boldsymbol{E}=\frac{1}{3}(\mathrm{tr}\boldsymbol{E})\boldsymbol{\delta},\boldsymbol{K}:\boldsymbol{E}=\boldsymbol{E}-\frac{1}{3}(\mathrm{tr}\boldsymbol{E})\boldsymbol{\delta}$$

它们分别代表二阶张量 $\boldsymbol{E}$ 的静水压力部分和偏应力部分。

与力学损伤变量和化学损伤变量有关的热动力学驱动力表示为

$$Y_{\mathrm{dm}}=-\frac{\partial\psi}{\partial d_{\mathrm{m}}}=-\frac{1}{2}(\boldsymbol{\varepsilon}-\boldsymbol{\varepsilon}^{\mathrm{p}}-\boldsymbol{\varepsilon}^{\mathrm{vp}}):\frac{\partial\boldsymbol{C}(d_{\mathrm{m}},d_{\mathrm{c}})}{\partial d_{\mathrm{m}}}:(\boldsymbol{\varepsilon}-\boldsymbol{\varepsilon}^{\mathrm{p}}-\boldsymbol{\varepsilon}^{\mathrm{vp}})-\frac{\partial\psi^{\mathrm{p}}}{\partial d_{\mathrm{m}}}-\frac{\partial\psi^{\mathrm{vp}}}{\partial d_{\mathrm{m}}} \tag{7.6}$$

$$Y_{\mathrm{dc}}=-\frac{\partial\psi}{\partial d_{\mathrm{c}}}=-\frac{1}{2}(\boldsymbol{\varepsilon}-\boldsymbol{\varepsilon}^{\mathrm{p}}-\boldsymbol{\varepsilon}^{\mathrm{vp}}):\frac{\partial\boldsymbol{C}(d_{\mathrm{m}},d_{\mathrm{c}})}{\partial d_{\mathrm{c}}}:(\boldsymbol{\varepsilon}-\boldsymbol{\varepsilon}^{\mathrm{p}}-\boldsymbol{\varepsilon}^{\mathrm{vp}})-\frac{\partial\psi^{\mathrm{p}}}{\partial d_{\mathrm{c}}}-\frac{\partial\psi^{\mathrm{vp}}}{\partial d_{\mathrm{c}}} \tag{7.7}$$

式中,Y_{dm} 为经典的力学损伤驱动力;化学亲和力 Y_{dc} 为引起化学反应的热动力驱动力。这些量用来测量化学反应各个组分化学势的差值。因此当这些值为零时,化学反应达到平衡,其耗散准则必须服从下面的基本不等式:

$$\boldsymbol{\sigma}:\dot{\boldsymbol{\varepsilon}}^{\mathrm{p}}+\boldsymbol{\sigma}:\dot{\boldsymbol{\varepsilon}}^{\mathrm{vp}}+Y_{\mathrm{dm}}\cdot\dot{d}_{\mathrm{m}}+Y_{\mathrm{dc}}\cdot\dot{d}_{\mathrm{c}}\geqslant0 \tag{7.8}$$

本构方程式(7.3)的率形式如下：

$$\dot{\boldsymbol{\sigma}} = \boldsymbol{C}(d_{\mathrm{m}}, d_{\mathrm{c}}) : (\dot{\boldsymbol{\varepsilon}} - \dot{\boldsymbol{\varepsilon}}^{\mathrm{p}} - \dot{\boldsymbol{\varepsilon}}^{\mathrm{vp}}) + \frac{\partial \boldsymbol{C}(d_{\mathrm{m}}, d_{\mathrm{c}})}{\partial d_{\mathrm{m}}} : (\boldsymbol{\varepsilon} - \boldsymbol{\varepsilon}^{\mathrm{p}} - \boldsymbol{\varepsilon}^{\mathrm{vp}}) \dot{d}_{\mathrm{m}}$$

$$+ \frac{\partial \boldsymbol{C}(d_{\mathrm{m}}, d_{\mathrm{c}})}{\partial d_{\mathrm{c}}} : (\boldsymbol{\varepsilon} - \boldsymbol{\varepsilon}^{\mathrm{p}} - \boldsymbol{\varepsilon}^{\mathrm{vp}}) \dot{d}_{\mathrm{c}} \tag{7.9}$$

式中,点表示变量对时间的导数(或者数值计算中的增量)。

为了求解式(7.9),必须给出演化准则,用以确定即时塑性应变增量 $\dot{\boldsymbol{\varepsilon}}^{\mathrm{p}}$、流变应变增量 $\dot{\boldsymbol{\varepsilon}}^{\mathrm{vp}}$、力学损伤变量增量 $\dot{d}_{\mathrm{m}}$ 和化学损伤变量增量 $\dot{d}_{\mathrm{c}}$。

除此之外,岩土材料固体基质矿物的溶解,孔隙溶液离子的扩散和对流必须服从下面的质量守恒方程：

$$\frac{\partial (\phi c_i)}{\partial t} = \nabla [D(d_{\mathrm{m}}, \phi) \nabla (\phi c_i)] + \boldsymbol{v} \cdot \nabla (\phi c_i) + \sum_{i=1} \phi r_i \tag{7.10}$$

式中,ϕ 为孔隙度;D 为扩散系数,是力学损伤和孔隙度的函数;$\boldsymbol{v}$ 为孔隙溶液的速度,可以由达西定律求得;r_i 为单位体积溶液在单位时间内溶解的第 i 种离子的物质的量;c_i 为第 i 种离子的物质的量浓度。

公式右边的三项分别表示离子的扩散项、对流项和源项。通常质量传输的机理由一个无量纲数佩克莱数(Peclet 数,Pe)控制：

$$Pe = \frac{vL}{D} \tag{7.11}$$

式中,v 为溶液的流动速率,是一个标量值;L 为流动长度,在给定孔隙材料时是一个常数。所以,Pe 与溶液流动速率是正比例关系。

试验研究发现[24],当 $Pe < 10^{-5}$ 时,质量传输由扩散控制;当 $10^{-2} < Pe < 10$ 时,质量传输由对流和扩散共同控制;当 $Pe > 10$ 时,对流控制质量传输过程。

由于砂岩是孔隙材料,其孔隙内部有液体流动,为考虑液体压力对孔隙材料力学性质的影响,必须采用孔隙材料的本构方程。假设材料各向同性,孔隙材料的有效应力本构方程为

$$\sigma'_{ij} = \sigma_{ij} + \boldsymbol{b}(d_{\mathrm{m}}, d_{\mathrm{c}}) P \tag{7.12}$$

式中,P 为孔隙压力;$\boldsymbol{b}(d_{\mathrm{m}}, d_{\mathrm{c}})$ 为有效应力系数,有效应力系数是力学损伤和化学损伤的函数。

为了考虑孔隙压力的作用,利用有效应力张量来代替总应力和孔隙压力,即认为在某个有效应力作用下的饱和介质与在相同大小总应力作用下干燥介质的力学响应相同。

7.3　砂岩的 HMC 试验结果

以往已经有很多关于砂岩的试验研究,主要内容涉及砂岩的力学性质、渗透

率、孔隙力学性质、化学性质以及它们的耦合性质[25~28]。研究所采用的砂岩平均孔隙度为 21%,饱和状态与干燥状态下的密度分别为 2.17g/cm³ 和 2.35g/cm³。X 射线衍射分析发现,砂岩的主要矿物成分为:石英 55%,钾长石 35%,方解石 7%。钾长石和石英矿物的形状是椭球形的,并且被方解石包裹。砂岩的构造特征形成了连续的孔隙网络,为孔隙溶液的流通提供了通道。

1. 砂岩力学性质

试验表明,当围压<30MPa 时,砂岩的应力-应变曲线先经历一段线性阶段,然后进入非线性阶段一直达到应力峰值。非线性阶段是由应力诱发的微裂纹萌生和扩展导致的,同时微裂纹萌生和扩展导致砂岩弹性模量降低。随着应力的增长,体积变形由压缩转变为膨胀。体积变形压缩-膨胀转换点的应力随着围压的变化而变化。当围压<10MPa 时,砂岩表现出脆性性质;当围压>20MPa 时,砂岩表现出明显的延性,剪切和压缩带的产生导致试样破坏。

根据不同围压下的三轴流变试验,砂岩的第一流变阶段非常短,平均时间为 5h。随后的稳定流变阶段也非常短,几乎观察不到稳定流变阶段。

2. 应力荷载作用下渗透率和 Biot 数的演化

砂岩初始固有渗透率和 Biot 数分别是 10^{-16} m² 和 0.86。三轴压缩试验表明,渗透率和 Biot 数的演化与力学荷载成正相关关系。随着微裂纹的萌生和扩展,Biot 数和渗透率不断增加。当力学损伤不断增加而导致微裂纹贯通时,力学损伤对渗透率和 Biot 数的影响变大。

3. 化学反应机理及其对孔隙度和力学性质的影响

利用不同 pH 的溶液对砂岩进行试验发现[26],砂岩内的化学反应机理随着 pH 的不同而不同。这里分别用蒸馏水(pH = 7)、0.01mol/L 的 HCl 溶液(pH=2)和 0.01mol/L 的 NaOH 溶液(pH=12)对砂岩进行侵蚀。X 射线衍射试验发现,不同的 pH 溶液侵蚀下,砂岩矿物成分的含量也不同,这是由矿物溶解机制不同导致的。

随着矿物的溶解,砂岩的孔隙度也在增加。砂岩孔隙度的演化规律同样随着 pH 的不同而不同。在蒸馏水中砂岩孔隙度增加较少,但是在 HCl 溶液和 NaOH 溶液中砂岩孔隙度增加较多。溶液侵蚀后,对试样进行三轴压缩试验发现,力学参数的变化同样随着 pH 的不同而不同,所以砂岩的孔隙度和力学参数的演化规律与砂岩矿物的溶解机制相关。

4. HMC 耦合性质

以往的试验表明,砂岩的 HMC 耦合性质和溶液的 pH 关系很大[25~28]。在试样中注入不同的化学溶液导致砂岩的流变速率增加,这是因为化学溶液导致砂岩的力学性质降低。试验还发现,向试样中注入蒸馏水,试样的流变速率增加较少,而注入 HCl 溶液和 NaOH 溶液时流变速率增加较多。同样,流变的平衡时间也有类似的规律。

7.4　砂岩 HMC 耦合模型

根据上述的模型框架和试验研究,本节提出一个砂岩 HMC 耦合的模型。

7.4.1　力学模型

砂岩的塑性变形包括瞬时塑性变形和黏塑性变形,因此描述砂岩塑性变形的模型包括瞬时塑性模型和黏塑性模型,同时考虑砂岩的力学损伤和化学损伤。屈服函数和塑性势函数是柯西应力张量、力学损伤变量、化学损伤变量和热动力共轭力 α^{p} 的标量值函数。α^{p} 是塑性硬化内变量的函数。根据三轴压缩试验[28],这里提出如下塑性屈服函数:

$$f^{\mathrm{p}}(\sigma_{ij}, \gamma^{\mathrm{p}}, d_{\mathrm{m}}, d_{\mathrm{c}}) = q - \alpha^{\mathrm{p}}(\gamma^{\mathrm{p}}, d_{\mathrm{m}}, d_{\mathrm{c}})(c_{\mathrm{s}} + p) \leqslant 0 \tag{7.13}$$

$$p = -\frac{\sigma_{kk}}{3}, \quad q = \sqrt{3J_2}, \quad J_2 = \frac{1}{2}s_{ij}s_{ij}, \quad s_{ij} = \sigma_{ij} - \frac{\sigma_{kk}}{3}\delta_{ij} \tag{7.14}$$

式中,p 和 q 分别为平均应力(压应力为正)和偏应力;系数 c_{s} 为材料的黏聚力。函数 $\alpha^{\mathrm{p}}(\gamma^{\mathrm{p}}, d_{\mathrm{m}}, d_{\mathrm{c}})$ 是瞬时硬化函数,瞬时硬化函数是硬化内变量、力学损伤变量和化学损伤变量的函数。

如前所述,微裂纹的增长和孔隙度的增加引起砂岩力学性质的劣化,因此,瞬时塑性硬化准则是硬化内变量 γ^{p} 的增函数,是力学损伤变量和化学损伤变量的减函数。基于试验数据,这里提出塑性硬化函数:

$$\alpha^{\mathrm{p}}(\gamma^{\mathrm{p}}, d_{\mathrm{m}}, d_{\mathrm{c}}) = (1 - d_{\mathrm{m}})\frac{1}{1 + a_1 d_{\mathrm{c}}}\left[\alpha_0^{\mathrm{p}} + (\alpha_{\mathrm{m}}^{\mathrm{p}} - \alpha_0^{\mathrm{p}})\frac{\gamma^{\mathrm{p}}}{b^{\mathrm{p}} + \gamma^{\mathrm{p}}}\right] \tag{7.15}$$

式中,a_1 为模型参数,用来描述化学损伤对塑性变形的影响;α_0^{p} 和 $\alpha_{\mathrm{m}}^{\mathrm{p}}$ 分别为硬化函数的初始值和试样破坏时的终值;b^{p} 控制着塑性硬化的演化速度。

塑性硬化内变量由有效塑性变形定义为

$$\mathrm{d}\gamma^{\mathrm{p}} = \sqrt{\frac{2}{3}\mathrm{d}\varepsilon_{ij}^{\mathrm{p}}\mathrm{d}\varepsilon_{ij}^{\mathrm{p}}} + \sqrt{\frac{2}{3}\mathrm{d}\varepsilon_{ij}^{\mathrm{vp}}\mathrm{d}\varepsilon_{ij}^{\mathrm{vp}}} \tag{7.16}$$

式中,$\mathrm{d}\varepsilon_{ij}^{\mathrm{p}}$ 和 $\mathrm{d}\varepsilon_{ij}^{\mathrm{vp}}$ 分别为瞬时塑性应变增量和流变增量;α_0^{p}、$\alpha_{\mathrm{m}}^{\mathrm{p}}$ 和 b^{p} 与塑性损伤有

关,和化学损伤无关,这些参数可以通过三轴压缩加卸载试验的屈服面进行拟合得到。根据参数 a_1 的物理意义,可以通过比较化学侵蚀后试样的屈服面和完好的试样屈服面得到 a_1。

　　为了得到完整的塑性模型,应当定义一个塑性势函数。对于大部分岩土材料,通常需要一个非关联的塑性流动法则。如上所述,随着偏应力的增加,体积应变由压缩应变逐渐变成膨胀应变,随着围压的增加,膨胀应变的速率不断减小。对于一个低围压下的三轴压缩试验,塑性屈服刚开始时就会出现体积膨胀现象;然而,在高围压下,塑性压缩出现在进入膨胀区之前的第一阶段。基于试验和 Pietruszczak 等[29]的研究,提出如下塑性势函数:

$$g^p = q - (\alpha^p - \beta^p)(p + c_s) \tag{7.17}$$

式中,参数 β^p 定义了压缩区($\alpha^p < \beta^p$)和膨胀区($\alpha^p > \beta^p$)的转折点。

　　根据之前的模型框架[30,31],运用一个统一的方法来描述材料的流变性质,因此黏塑性本构方程可以通过扩展瞬时塑性模型得到。黏塑性屈服函数可以看成一个滞后的塑性屈服面,即瞬时塑性屈服面演化和黏塑性屈服面演化的内变量是一样的,只是它们演化的机理不同。因为黏塑性流动滞后于塑性变形,所以黏塑性加载面的演化比塑性屈服面慢,但是它们都是由相同形式的数学函数描述的。黏塑性加载面为

$$f^{vp}(\sigma_{ij}, \gamma^p, d_m, d_c) = q - \alpha^{vp}(\gamma^p, d_m, d_c)(c_s + p) \leqslant 0 \tag{7.18}$$

$$\alpha^{vp}(\gamma^p, d_m, d_c) = (1 - d_m)\frac{1}{1 + a_1 d_c}\left[\alpha_0^{vp} + (\alpha_m^{vp} - \alpha_0^{vp})\frac{\gamma^p}{b^{vp} + \gamma^p}\right] \tag{7.19}$$

式中,b^{vp} 和 b^p 是类似的,控制着黏性硬化函数 α^{vp} 的演化速度。

　　硬化函数 α^{vp} 变化范围是 $\alpha_0^{vp} \sim \alpha_m^{vp}$。为了简便,$\alpha_0^{vp}$ 和 α_m^{vp} 的值分别等于 α_0^p 和 α_m^p 的值。根据统一黏塑性理论,黏塑性加载面必须小于瞬时塑性加载面,所以 $\alpha^{vp} \leqslant \alpha^p$。因此,参数 b^{vp} 的值必须满足条件:$b^{vp} \geqslant b^p$。

　　对于黏塑性势函数,这里采用和瞬时塑性势函数类似的表达式:

$$g^{vp} = q - (\alpha^{vp} - \beta^{vp})(p + c_s) \tag{7.20}$$

　　基于 Perzyna 的超应力的概念,黏塑性流动法则为

$$\dot{\varepsilon}^{vp} = \gamma(T)\left\langle\frac{f^{vp}}{c_s}\right\rangle\frac{\partial g^{vp}}{\partial \sigma_{ij}} \tag{7.21}$$

式中,$\langle x \rangle = (x + |x|)/2$,为 Macauley 括号;流动系数 γ 和时间有关。

　　基于经典的黏塑性理论得到

$$\gamma(T) = \gamma_0 \exp\left(-\frac{Z}{RT}\right) \tag{7.22}$$

式中,γ_0 为参考温度下的流动值;Z 为活化能;T 为热力学温度;R 为理想气体常量,

$R=8.3144\mathrm{kJ/(mol \cdot K)}$。对于室温条件下的砂岩，$\gamma_0=500\mathrm{s}^{-1}$，$Z=63000\mathrm{N \cdot m/mol}$。

一般来说，力学损伤的演化规则由力学损伤共轭力（力学损伤能量释放）的标量值函数推导得出。试验数据表明，力学损伤往往是由塑性变形引起的。因此，这里将有效塑性应变定义为力学损伤演化的驱动力。借鉴其他力学损伤准则[32]，提出以下指数形式的力学损伤函数：

$$d_{\mathrm{m}}=d_{\mathrm{mc}}[1-\exp(-b_{\mathrm{d}}\gamma^{\mathrm{p}})] \tag{7.23}$$

式中，d_{mc} 为力学损伤的最大值；b_{d} 控制着力学损伤的演化速率。塑性硬化内变量 γ^{p} 是由塑性屈服函数确定的，塑性屈服函数又与化学损伤有关。因此，力学损伤和化学损伤是联系在一起的。

基于微观力学的分析，有效弹性模量张量可以表示为力学损伤变量的函数。对于各向同性材料，假设力学损伤对体积模量和剪切模量的影响是一致的，则有

$$\boldsymbol{C}(d_{\mathrm{m}},d_{\mathrm{c}})=(1-a_2 d_{\mathrm{m}})\boldsymbol{C}(d_{\mathrm{c}}) \tag{7.24}$$

式中，$\boldsymbol{C}(d_{\mathrm{c}})$ 为给定化学损伤而没有力学损伤条件下的弹性刚度张量；a_2 为力学损伤系数，该值与基质的弹性性质有关。a_2 可以由相关的加卸载试验获得，为了简单，此处取 $a_2=1$。

7.4.2　质量传输模型

由上述内容可知，当孔隙介质材料里的溶液流速较快时，对流在传质方程中占主导地位。对于这里研究的砂岩，渗透系数和扩散系数分别为 $10^{-16}\mathrm{m}^2$ 和 $10^{-10}\mathrm{m}^2/\mathrm{s}$，在中等水力梯度下，$Pe$ 大约为 10^2，因此对流在传质方程中占主导地位，则传质方程改写为

$$\frac{\partial(\phi c_i)}{\partial t}=\boldsymbol{v} \cdot \nabla(\phi c_i)+\sum_{i=1}\phi r_i \tag{7.25}$$

为了求解式（8.25），需要知道溶液的流速和反应速率。溶液的流速可以由达西定理得到：

$$v=K(d_{\mathrm{m}},\varphi)\nabla p \tag{7.26}$$

式中，$K(d_{\mathrm{m}},\varphi)$ 为扩散系数，并且受到力学损伤和孔隙度的影响。

Carman-Kozeny 方程表述如下：

$$K(\phi)=(1+a_3 d_{\mathrm{m}})K_0 \frac{(1-\phi_0)^2}{(1-\phi)^2}\left(\frac{\phi_0}{\phi}\right)^3 \tag{7.27}$$

式中，a_3 表示力学损伤对渗透系数的影响，可以根据微裂纹的密度和分布进行微观分析来得到。

反应速率准则主要用来表示单位时间消耗矿物的物质的量，主要受溶液的性质和矿物种类影响。基于前人的研究[33]，在恒温条件下，第 i 种矿物的反应速率为

$$r_i = \frac{\mathrm{d}m_i}{\mathrm{d}t} = A_i k_i \left(a_i^{\mathrm{H}^+}\right)^n \frac{m_i}{m_{i0}} f_i(\Delta G) \tag{7.28}$$

式中，A 为单位流线上接触的矿物表面积，m^2/L；k 为特定温度下的反应速率常数，$\mathrm{mol}/(\mathrm{m} \cdot \mathrm{s})$；$m_0$ 和 m 为矿物的初始浓度和最终浓度；a^{H^+} 表示反应速率对 pH 的依赖程度。

$$k = k_{25}^{\mathrm{nu}} \exp\left[-\frac{E_a^{\mathrm{nu}}}{R}\left(\frac{1}{T} - \frac{1}{298.15}\right)\right] + k_{25}^{\mathrm{H}} \exp\left[-\frac{E_a^{\mathrm{H}}}{R}\left(\frac{1}{T} - \frac{1}{298.15}\right)\right]\left(a^{\mathrm{H}^+}\right)^{\mathrm{nH}}$$

$$+ k_{25}^{\mathrm{OH}} \exp\left[-\frac{E_a^{\mathrm{OH}}}{R}\left(\frac{1}{T} - \frac{1}{298.15}\right)\right]\left(a^{\mathrm{H}^+}\right)^{\mathrm{nOH}} \tag{7.29}$$

式中，$f(\Delta G)$ 表示溶液的饱和状态[33]，由吉布斯自由能来计算。

试验结果表明，砂岩中主要包含石英（55%）、钾长石（35%）和方解石（7%）。

水接触石英的主要反应为

$$SiO_2(s) + 2H_2O(l) \longleftrightarrow H_4SiO_4(aq) \tag{7.30}$$

二氧化硅遇水生成硅酸，硅酸遇到碱开始溶解并生成 $H_2SiO_4^{2-}$。

$$H_4SiO_4(aq) + 2OH^-(aq) \longleftrightarrow H_2SiO_4^{2-}(aq) + 2H_2O(l) \tag{7.31}$$

因此，当氢氧根离子存在时，石英的溶解加快。

钾长石的溶解反应方程式为

$$KAlSiO_8(s) + 11H_2O(l) \longleftrightarrow Al_2Si_2O_5(OH)_4(aq) + 2K^+(aq)$$
$$+ 2OH^-(aq) + 4H_4Si_2O_5(aq) \tag{7.32}$$

由方程式（7.32）可知，酸性离子的存在会加速钾长石的溶解，溶解方程式为

$$KAlSi_3O_8(s) + 4H^+(aq) + 4H_2O(l) \longleftrightarrow K^+(aq) + Al^{3+}(aq) + 3H_4SiO_4(aq) \tag{7.33}$$

方解石的溶解机制为

$$CaCO_3(s) \longleftrightarrow Ca^{2+}(aq) + HCO_3^-(aq) \tag{7.34}$$

与钾长石的溶解类似，在酸性离子存在时，方解石的溶解会加快，其反应表达式如下：

$$CaCO_3(s) + H^+ \longleftrightarrow Ca^{2+}(aq) + HCO_3^-(aq) \tag{7.35}$$

三种矿物成分的 $f(\Delta G)$ 为

$$f_{石英}(\Delta G) = 1 - \frac{[H_4SiO_4]}{K_{石英}} \tag{7.36}$$

$$f_{钾长石}(\Delta G) = 1 - \frac{[K^+][Al^{3+}][H_4SiO_4]^3}{K_{钾长石}} \tag{7.37}$$

$$f_{方解石}(\Delta G) = 1 - \frac{[Ca^{2+}][CO_3^{2-}]}{K_{方解石}} \tag{7.38}$$

式中，[　]为水溶液中离子的浓度；[H_4SiO_4]为硅酸的浓度，硅酸是由钾长石和石英溶解得到的。因此，式(7.36)～式(7.38)表示各个矿物溶解相互作用的综合结果。

除此之外，固体基质所受的应力对矿物成分的溶解速率也有一定的影响，然而，这个问题比较复杂，难以用数学公式表达。简单起见，此处没有考虑应力对矿物成分溶解的影响。

7.4.3　孔隙度和化学损伤的演化

如前所述，化学损伤表征了化学反应对力学性质的影响，因此化学损伤变量必定与化学反应程度和化学溶解对力学性质的影响程度有关。通常，化学反应会造成砂岩矿物的溶解和沉淀，矿物的溶解往往导致孔隙度的增加和力学性质的弱化，矿物的沉淀往往产生相反的结果。对于大部分地下工程结构，矿物的溶解往往是结构安全分析的重点研究内容，所以此处只考虑矿物的溶解。

r_i 表示单位时间内单位体积溶液溶解的矿物的物质的量，所以可以用矿物的摩尔体积 M_i^γ 和砂岩的孔隙度 ϕ 来表示孔隙体积的变化速率，表达式如下：

$$\frac{\mathrm{d}\phi_i}{\mathrm{d}t} = \phi M_i^\gamma r_i \tag{7.39}$$

总的孔隙度变化速率为

$$\frac{\mathrm{d}\phi}{\mathrm{d}t} = \sum_i \frac{\mathrm{d}\phi_i}{\mathrm{d}t} \tag{7.40}$$

砂岩孔隙度的增加可以看成一种损伤过程，因此化学损伤变量可以表述为

$$d_c = \frac{\phi - \phi_0}{1 - \phi_0} \tag{7.41}$$

砂岩在完好无损的条件下，矿物溶解的物质的量为零，因此这时的化学损伤变量为零。当试样的矿物完全溶解时，砂岩的孔隙度变成 1，此时化学损伤也达到最大值 1。

化学损伤对砂岩的弹性刚度张量也有影响，在此还需建立化学损伤和砂岩弹性刚度张量的关系。前人通过微观机理分析，已经建立了很多理论关系[34,35]。这里借鉴 Mori-Tanaka 的公式，并假定材料为均匀各向同性的，化学损伤对剪切模量和体积模量的影响是一样的，其表达式如下：

$$\boldsymbol{C}(d_m, d_c) = (1 - d_m)\frac{1}{1 + a_4 d_c}\boldsymbol{C}_0 \tag{7.42}$$

式中，a_4 为化学损伤系数，可以根据不同化学损伤程度的砂岩试样加卸载试验确定。

7.4.4　孔隙力学模型

借鉴前人的微观力学分析[36]，有效应力系数为

$$b(d_{\mathrm{m}},d_{\mathrm{c}})=1-\frac{K(d_{\mathrm{m}},d_{\mathrm{c}})}{3K_{\mathrm{s}}} \tag{7.43}$$

式中，K_{s} 为固体颗粒的压缩模量，该值是一个常数；$K(d_{\mathrm{m}},d_{\mathrm{c}})$ 为给定化学损伤和力学损伤下材料的体积模量。

有效应力原理的概念只是应用于弹性问题中，在塑性问题中，只有少部分简单的问题得到了验证，其他的复杂问题并没有得到验证。但是，为了将问题简单化，这里将弹性问题里的有效应力原理应用于塑性问题中，并假设两个问题的有效应力系数一致。

7.5　模 型 应 用

本节将给出砂岩 HMC 耦合的模拟结果。首先基于前述结果，建立一个数值算法；然后从非耦合到全耦合逐步验证模型的正确性，并确定相应的模型参数。

7.5.1　数值计算方法

为了验证数值模型的有效性本节开发了相应的数值计算程序。下面将简述第 k 步迭代算法的具体过程。

（1）在第 k 步的开始以下值是已知的：σ_{k-1}、ε_{k-1}、γ_{k-1}^{p}、$(d_{\mathrm{m}})_{k-1}$、$(d_{\mathrm{c}})_{k-1}$、P_{k-1} 和 $(c_i)_{k-1}$，然后计算试验总应变的弹性部分。

（2）设定 $j=1$，并开始迭代循环。

（3）从这一步开始，如果存在化学溶解，那么对化学损伤增量设定一个初值 $(\Delta c_i)_{k-1}$，更新 $(\Delta\phi)_k$ 和 $(\Delta d_{\mathrm{c}})_k$。

（4）如果应变增加，那么给定总应变的增量 $\Delta\varepsilon_k$，然后对应力进行预测：$\varepsilon_{k,j}^{\mathrm{e}}=\varepsilon_{k,j-1}^{\mathrm{e}}+\Delta\varepsilon_k$，$\boldsymbol{\sigma}_{k,j}=\boldsymbol{C}\big[(d_{\mathrm{c}})_{k,j-1},(d_{\mathrm{m}})_{k,j-1}\big]:\varepsilon_{k,j}^{\mathrm{e}}$，$\varepsilon_{k,0}^{\mathrm{e}}=\varepsilon_{k-1}^{\mathrm{e}}$，$(d_{\mathrm{c}})_{k,0}=(d_{\mathrm{c}})_{k-1}$，$(d_{\mathrm{m}})_{k,0}=(d_{\mathrm{m}})_{k-1}$，$P_{k,0}=P_{k-1}$，$(c_i)_{k,0}=(c_i)_{k-1}$。

（5）在没有力学损伤演化的情况下，检验塑性屈服条件：$f_{j-1}^{\mathrm{p}}\leqslant0$，如果有塑性流动，则计算塑性乘子和 $\Delta\varepsilon_j^{\mathrm{p}}$。

（6）在没有力学损伤演化的情况下，检验塑性屈服条件：$f_{j-1}^{\mathrm{vp}}\leqslant0$，如果有塑性流动，则计算 $\Delta\varepsilon_j^{\mathrm{vp}}$。

（7）计算 γ_j^{p}，然后检验力学损伤的演化：$f_j^{\mathrm{d}}\leqslant0$，如果有力学损伤出现，则计算力学损伤变量的增量 $(\Delta d_{\mathrm{m}})_{k,j}$。

（8）如果 $(d_{\mathrm{m}})_{k,j}-(d_{\mathrm{m}})_{k,j-1}\geqslant e(e$ 是正的容差$)$，更新与力学损伤有关的耦合

参数,然后 $j=j+1$,程序转向第(3)步。

(9) 计算更新的值:$\boldsymbol{\sigma}_k=\boldsymbol{\sigma}_{k,j}$,$\varepsilon_k=\varepsilon_{k,j}$,$\gamma_k^p=\gamma_{k,j}^p$,$(d_c)_k=(d_c)_{k,j}$,$(d_m)_k=(d_m)_{k,j}$,$P_k=P_{k,j}$ 和 $(c_i)_{k-1}=(c_i)_{k,j}$。

7.5.2　化学溶解过程的数值模拟

首先用上面提出的模型来模拟砂岩的化学溶解过程。在试验中,砂岩试样放置在一个容器中,并向试样中注入化学溶液,溶液包括蒸馏水(pH=7)、0.01mol/L 的 HCl 溶液(pH=2)和 0.01mol/L 的 NaOH 溶液(pH=12),然后测量溶解过程中的孔隙度。

基于地球化学数据库 EQ3/6[37],得到石英、钾长石和方解石在 25℃时的矿物溶解速率参数,如表 7.1 所示。

表 7.1　矿物溶解速率参数

溶解机理	参数	石英	钾长石	方解石
	$A/(\mathrm{m}^2/\mathrm{g})$	9.1	9.1	9.1
	$m_0/(\mathrm{mol/m^3})$	20.36	2.55	2.05
	$M^v/(\mathrm{m^3/mol})$	2.269×10^{-2}	1.086×10^{-1}	3.693×10^{-2}
中性机理	$k_{25}^{\mathrm{nu}}/[\mathrm{mol/(m^2 \cdot s)}]$	1.02×10^{-14}	3.89×10^{-13}	1.6×10^{-9}
	$E_a^{\mathrm{nu}}/(\mathrm{kJ/mol})$	87.7	38	41.87
	$k_{25}^{\mathrm{H}}/[\mathrm{mol/(m^2 \cdot s)}]$	1.02×10^{-14}	8.7×10^{-11}	1
酸性机理	$E_a^{\mathrm{H}}/(\mathrm{kJ/mol})$	87.7	51.7	51.87
	n_{H}	2	0.5	1
	$k_{25}^{\mathrm{OH}}/[\mathrm{mol/(m^2 \cdot s)}]$	21.02×10^{-11}	6.31×10^{-12}	1×10^{-3}
碱性机理	$E_a^{\mathrm{OH}}/(\mathrm{kJ/mol})$	87.7	94.1	51.87
	n_{OH}	-0.6	-0.82	1

运用上述参数模拟砂岩在三种溶液侵蚀下的溶解过程。图 7.1 给出了砂岩的孔隙度的演化过程,模拟结果和试验结果吻合得很好。

为了研究孔隙度的演化过程对 pH 依赖性的物理机理,图 7.2 给出了三种矿物物质的量浓度的演化结果。结果表明,三种矿物的溶解速率对 pH 的依赖性很大。在纯水中孔隙度的增加主要是因为方解石的溶解;在盐酸溶液中,孔隙度的前期增长主要是因为方解石的快速溶解,当方解石溶解完毕,钾长石的溶解控制着孔隙度的演化;在氢氧化钠溶液中,石英和方解石的物质的量浓度同时降低,但是因为石英的物质的量浓度比方解石高,所以孔隙度的演化过程主要由石英的溶解控制。

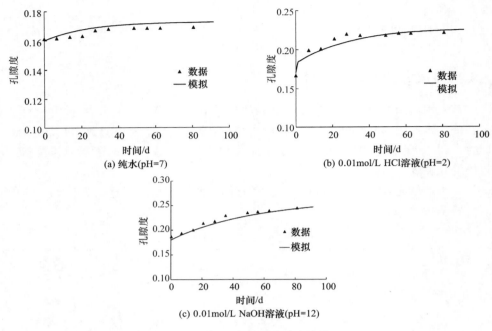

图 7.1　不同 pH 条件下孔隙度演化过程

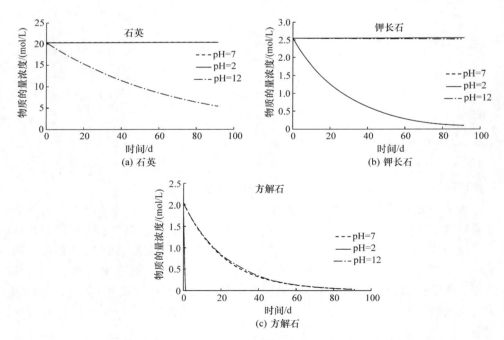

图 7.2　不同 pH 条件下砂岩中三种主要矿物物质的量浓度演化结果

7.5.3　瞬时力学行为模拟

本节运用前述模型来模拟砂岩的瞬时力学行为,对完好的试样和受化学侵蚀的试样力学行为进行模拟,采用试验数据来确定模型参数。

初始的弹性常量,可以根据加卸载循环试验的弹性阶段确定。由砂岩的三轴压缩试验可得,砂岩的杨氏模量和泊松比分别为 $E_0 = 9000\text{MPa}$ 和 $\nu_0 = 0.2$。与破坏面有关的材料的黏聚力 c_s 通过拟合 $q^{\text{peak}} = \max(\boldsymbol{\sigma}_1 - \boldsymbol{\sigma}_3)$ 和平均应力的关系得到(图 7.3)。根据不同偏应力下岩样的三轴加卸载试验结果,将有效弹性模量的劣化与有效塑性应变拟合到一起,从而得到力学损伤变量的演化过程,得到参数 d_{mc} 和 b_d。画出砂岩初始的塑性屈服面和最终的塑性屈服面,然后拟合塑性硬化函数 α^{p} 和有效塑性应变的关系得到参数 α_0^{p}、α_m^{p} 和 b^{p}(图 7.3)。通过确定砂岩体积应变压缩和膨胀的应力转折点来确定塑性势函数中的参数 β^{p}(图 7.3)。这些参数的取值如表 7.2 所示,采用这些参数进行三轴压缩试验模拟,结果如图 7.4 所示。可以发现,模拟结果和试验结果比较吻合。

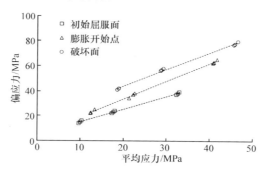

图 7.3　砂岩的初始屈服面、膨胀开始点和破坏面

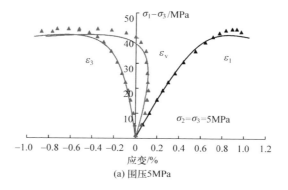

(a) 围压5MPa

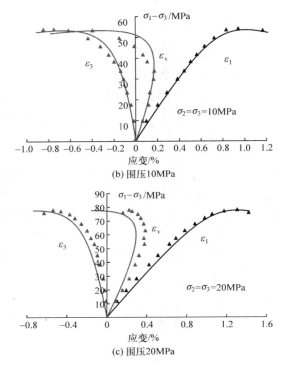

图 7.4　5MPa、10MPa 和 20MPa 围压条件下三轴压缩试验模拟结果

　　在模拟没有化学侵蚀的砂岩的基础上,继续模拟受蒸馏水(pH=7)、0.01mol/L 的 HCl 溶液(pH=2)和 0.01mol/L 的 NaOH 溶液(pH=12)化学侵蚀后砂岩的力学性质。其中,塑性屈服函数中的参数 a_1 和有效弹性模量中的参数 a_4 需要确定。三种条件下砂岩的化学损伤可以通过孔隙度的试验结果计算得到,通过比较砂岩的初始屈服面和破坏时的屈服面,以及化学侵蚀状态的弹性模量和无化学侵蚀的弹性模量,可以得到参数 a_1 和 a_4(表 7.2)。

表 7.2　瞬时力学模型参数取值

参数	力学损伤		塑性屈服和塑性势函数					化学损伤	
	b_d	d_{mc}	c_s/MPa	α_0^p	α_m^p	b^p	β^p	a_1	a_4
取值	15	0.8	12	0.1	1.55	5×10^{-4}	1.2	3	3

　　化学侵蚀后在 5MPa 围压下砂岩三轴压缩试验的模拟结果如图 7.5 所示。可以发现,模拟结果和试验数据较为吻合。

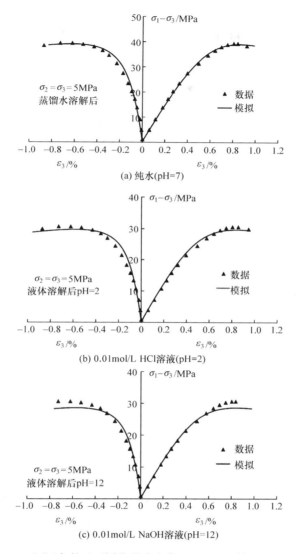

图 7.5   5MPa 围压条件下不同化学溶液腐蚀后砂岩三轴压缩试验模拟结果

7.5.4   黏塑性力学行为模拟

本节对砂岩长时间的力学性质进行模拟,其中,模型中有两个参数需要确定,即 b^{vp} 和 n。由前述已知,参数 b^{vp} 和参数 b^p 类似,用来定义黏塑性屈服面的硬化速率。从物理机理来看,参数 b^{vp} 可以通过拟合黏塑性屈服面来确定。然而,实际上,对于岩石材料很难得到黏塑性屈服面。基于砂岩的三轴压缩流变试验和三轴压缩瞬时试验数据,通过曲线拟合,同时考虑$b^{vp} \leqslant b^p$,可以确定参数b^{vp}。参数n控制着主流变阶段的演化,可以通过对流变曲线的拟合得到。这两个参数的取值如表7.3所示。

表7.3　流变模型参数取值

参数	b^{vp}	n
取值	9×10^{-4}	6

根据上述参数,拟合了5MPa围压下,砂岩两阶段偏应力的流变试验结果。试验结果和模拟结果如图7.6所示。可以发现,模拟结果和试验结果吻合得较好。

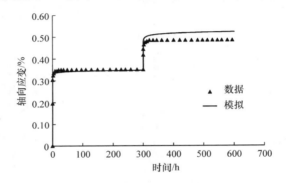

图7.6　不同偏压水平下流变试验和模拟结果

7.5.5　HMC 耦合行为模拟

由前可知,模型很好地模拟了砂岩孔隙度的演化、瞬时力学性质和流变性质,本节将模拟砂岩在 HMC 耦合作用下的力学性质。本次模拟的试验是一个三轴压缩流变试验,砂岩流变的同时向砂岩试样中注入化学溶液。在这个试验中静水压力开始为5MPa。在溶液入口处,试样接触化学溶液,溶液的水压为0.5MPa。溶液出口处的水压设定为零,这样溶液可以渗流通过试样。轴向应力分两步加载,第一步轴向应力为25MPa;当试样的变形稳定后,施加第二级轴向应力35MPa。本节研究三种化学溶液:蒸馏水(pH=7)、0.01mol/L 的 HCl 溶液(pH=2)和0.01mol/L 的 NaOH 溶液(pH=12)。

模型参数a_3用来描述力学损伤对渗透率的影响,在本节中需要确定。微观力学的分析发现,力学损伤和砂岩的渗透率呈正相关关系。为了简化过程,本节中的参数a_3是根据不同力学损伤水平下渗透率变化的试验数据进行参数拟合得到的,$a_3 = 15$。

图7.7是试验值和模拟值的对比,结果表明模拟值和试验值吻合得很好。

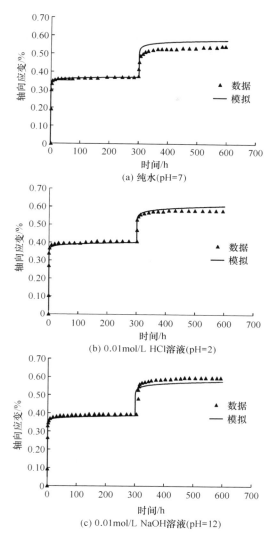

图 7.7　不同流体条件下 HMC 耦合试验模拟

7.6　本　章　小　结

　　本章提出了一个用于模拟岩土材料 HMC 耦合作用的模型,模型中考虑了化学损伤和力学损伤。基于砂岩 HMC 耦合作用下的试验研究,提出了一个适用于砂岩的 HMC 耦合模型。模型中包括一个统一的黏塑性模型,并且考虑了不同 pH 溶液侵蚀下砂岩三种主要矿物的溶解速率。对流是砂岩中溶液传质的主要方式,砂岩的渗透率是化学损伤和力学损伤的函数,化学损伤是砂岩孔隙度的函数。然后采用砂岩的一系列非耦合和耦合试验结果来验证模型和逐步确定模型参数。结果表明,模型可以很好地模拟试验结果,其适用性有待通过更多的试验结果来验证。

参 考 文 献

[1] Atkinson B K,Meredith P G. Stress corrosion cracking of quartz:A note on the influence of chemical environment[J]. Tectonophysics,1981,77(1-2):1-11.

[2] Freiman S W. Effects of chemical environments on slow crack growth in glasses and ceramics [J]. Journal of Geophysical Research Solid Earth,1984,89(B6):4072-4076.

[3] Bulau J R,Tittmann B R,Abdel-Gawad M,et al. The role of aqueous fluids in the internal friction of rock[J]. Journal of Geophysical Research,1984,89(B6):4207-4212.

[4] Spiers C J,Schutjens P M T M. Densification of crystalline aggregates by fluid-phase diffusional creep[M]//Barber D J,Meredith P G. Deformation Processes in Minerals,Ceramics and Rocks. Berlin:Springer Netherlands,1990.

[5] Lehner F K. Thermodynamics of rock deformation by pressure solution[M]//Barber D J,Meredith P G. Deformation Processes in Minerals, Ceramics and Rocks. Berlin: Springer Netherlands,1990.

[6] Seto M,Nag D K,Vutukuri V S,et al. Effect of chemical additives on the strength of sandstone[J]. International Journal of Rock Mechanics and Mining Sciences,1997,34(3-4):280. e1-280. e11.

[7] Homand S,Shao J F. Mechanical behaviour of a porous chalk and water/chalk interaction. Part I:Experimental study[J]. Oil & Gas Science and Technology,2000,55(6):591-598.

[8] Li N,Zhu Y,Su B,et al. A chemical damage model of sandstone in acid solution[J]. International Journal of Rock Mechanics and Mining Sciences,2003,40(2):243-249.

[9] Wang S,Wang E. Recent study of coupled processes in geotechnical and geoenvironmentalfields in China[J]. Elsevier Geo-Engineering Book Series,2004,2(4):81-91.

[10] Feng X T,Chen S,Zhou H. Real-time computerized tomography (CT) experiments on sandstone damage evolution during triaxial compression with chemical corrosion[J]. International Journal of Rock Mechanics and Mining Sciences,2004,41(2):181-192.

[11] Guen Y L,Renard F,Hellmann R,et al. Enhanced deformation of limestone and sandstone in the presence of high,fluids[J]. Journal of Geophysical Research Solid Earth, 2007, 112(B5):622-634.

[12] Feng X T, Ding W. Experimental study of limestone micro-fracturing under a coupled stress,fluid flow and changing chemical environment[J]. International Journal of Rock Mechanics and Mining Sciences,2007,44(3):437-448.

[13] Rimmelé G,Barlet-Gouédard V,Renard F. Evolution of the petrophysical and mineralogical properties of two reservoir rocks under thermodynamic conditions relevant for CO_2 geolog-

ical storage at 3 km depth[J]. Oil & Gas Science and Technology,2010,65(4):565-580.

[14] Fernandez-Merodo J A,Castellanza R,Mabssout M,et al. Coupling transport of chemical species and damage of bonded geomaterials[J]. Computers and Geotechnics,2007,34(4): 200-215.

[15] Feng X T,Ding W,Zhang D. Multi-crack interaction in limestone subject to stress and flow of chemical solutions[J]. International Journal of Rock Mechanics and Mining Sciences, 2009,46(1):159-171.

[16] Xie S Y,Shao J F,Xu W Y. Influences of chemical degradation on mechanical behaviour of a limestone[J]. International Journal of Rock Mechanics and Mining Sciences,2011,48(5): 741-747.

[17] Xie S Y,Shao J F. Elastoplastic deformation of a porous rock and water interaction[J]. International Journal of Plasticity,2006,22(12):2195-2225.

[18] Lydzba D,Pietruszczak S,Shao J F. Intergranular pressure solution in chalk:A multiscale approach[J]. Computers and Geotechnics,2007,34(4):291-305.

[19] Pietruszczak S,Lydzba D,Shao J F. Modelling of deformation response and chemo-mechanical coupling in chalk[J]. International Journal for Numerical and Analytical Methods in Geomechanics,2006,30(10):997-1018.

[20] Carde C,Escadeillas G,Francois R. Use of ammonium nitrate solution to simulate and accelerate the leaching of cement pastes due to deionized water[J]. Magazine of Concrete Research,1997,49(181):295-301.

[21] Taron J,Elsworth D,Min K B. Numerical simulation of thermal-hydrologic-mechanical-chemical processes in deformable,fractured porous media[J]. International Journal of Rock Mechanics and Mining Sciences,2009,46(5):842-854.

[22] Zhao Z,Jing L,Neretnieks I,et al. Analytical solution of coupled stress-flow-transport processes in a single rock fracture[J]. Computers and Geosciences,2011,37(9):1437-1449.

[23] Choi S K,Tan C P,Freij-Ayoub R. A coupled mechanical-thermal-physico-chemical model for the study of time-dependent wellbore stability in shales[J]. Elsevier Geo-Engineering Book Series,2004,2(4):581-586.

[24] Kang Q,Zhang D,Chen S. Simulation of dissolution and precipitation in porous media[J]. Journal of Geophysical Research,2003,108(B10).

[25] 丁梧秀,冯夏庭. 渗透环境下化学腐蚀裂隙岩石破坏过程的 CT 试验研究[J]. 岩石力学与工程学报,2008,27(9):1865-1873.

[26] 乔丽苹,刘建,冯夏庭. 砂岩水物理化学损伤机制研究[J]. 岩石力学与工程学报,2007, 26(10):2117-2124.

[27] 崔强,冯夏庭,薛强,等. 化学腐蚀下砂岩孔隙结构变化的机制研究[J]. 岩石力学与工程学报,2008,27(6):1209-1216.

[28] Hu D W,Zhou H,Zhang F,et al. Evolution of poroelastic properties and permeability in damaged sandstone[J]. International Journal of Rock Mechanics and Mining Sciences,2010,

47(6):962-973.

[29] Pietruszczak S, Jiang J, Mirza F A. An elastoplastic constitutive model for concrete[J]. International Journal of Solids and Structures, 1988, 24(7):705-722.

[30] Zhou H, Hu D, Zhang F, et al. A thermo-plastic/viscoplastic damage model for geomaterials [J]. Acta Mechanica Solida Sinica, 2011, 24(3):195-208.

[31] Zhou H, Jia Y, Shao J F. A unified elastic-plastic and viscoplastic damage model for quasi-brittle rocks[J]. International Journal of Rock Mechanics and Mining Sciences, 2008, 45(8): 1237-1251.

[32] Hu D W, Zhu Q Z, Zhou H, et al. A discrete approach for anisotropic plasticity and damage in semi-brittle rocks[J]. Computers and Geotechnics, 2010, 37(5):658-666.

[33] Lasaga A C. Kinetic Theory in the Earth Sciences[M]. Princeton: Princeton University Press, 1998.

[34] Mura T. Micromechanics of defects in solids[J]. Acoustical Society of America Journal, 1983, 73(6):2237.

[35] Hori M, Nemat-Nasser S. Double-inclusion model and overall moduli of multi-phase composites[J]. Journal of Engineering Materials & Technology, 1993, 14(3):189-206.

[36] Shao J F. Poroelastic behaviour of brittle rock materials with anisotropic damage[J]. Mechanics of Materials, 1998, 30(1):41-53.

[37] Wolery T J, et al. Current status of the EQ3/6 softwave package for geochemical modeling [J]. Office of Scientific & Technical Information Technical Reports, 1988, 416(1):23.

第 8 章　水泥基材料 MC 耦合作用下短期与长期性质模型研究

8.1　引　　言

　　水泥基材料广泛应用于多种地下工程结构,如核废料处置库、水坝、隧道等。在这些结构服役期间,水泥基材料的耐久性是影响结构安全的一个重要因素。在这些地下工程结构运行期间,水泥基材料往往会受到各种侵蚀性环境的影响,如雨水、地下水以及酸性液体等。地下工程结构中的水泥材料在受到力学荷载的同时还受到化学侵蚀的作用。化学侵蚀环境不仅影响水泥基材料的力学性质(强度和变形),而且影响其传输性质(扩散性和渗透性),这会在很大程度上影响工程结构的安全性和稳定性。因此,为了分析地下工程结构的耐久性,必须研究水泥基材料长时间 MC 耦合作用下的性质。

　　已有很多学者通过试验研究了水泥基材料钙离子浸出过程[1~6]及其对力学性质的影响[7~11]。这些研究表明,随着钙离子浸出时间的推移和深度的增加,水泥基材料的弹性模量和强度不断减小,出现这一现象是因为钙离子的溶解导致水泥基材料的孔隙度增加[12]。许多学者做了大量的关于钙离子浸出和力学耦合方面的试验[13~17]。试验表明,化学侵蚀和力学的耦合作用,导致材料的流变速率和钙离子的浸出深度大大增加。

　　在试验数据的基础上,许多学者建立了理论和数值模型来描述钙离子浸出和力学耦合的过程与性质。这些模型中很大部分是在描述由钙离子浸出导致的水泥基材料孔隙的发展[18~20]、扩散性质的变化[21~23]或者力学性质的劣化[16,24~30],很少有人考虑由力学损伤的作用导致的钙离子扩散性质变化。

　　然而,不同于地上工程结构,对于由水泥基材料浇筑成的地下工程结构,在长期运行期间,力学作用和化学侵蚀往往是相互耦合在一起的。一方面,化学侵蚀导致材料孔隙度增加从而导致力学性质劣化;另一方面,力学荷载会导致材料产生内部微裂纹,这些微裂纹给钙离子的浸出提供了通道,进一步加剧化学侵蚀作用。为了考虑 MC 耦合作用,本章建立一个水泥基材料 MC 耦合模型,8.2 节提出了 MC 耦合模型的总框架。基于该框架,进而提出一个适用于钢纤维混凝土材料的力学钙离子浸出耦合模型。该模型包括一个弹塑性损伤模型、一个徐变模型和一个侵蚀模型。所有模型都考虑了力学损伤和化学损伤的耦合效应。最后,将所建立模型应用于商业软件 COMSOL Multiphysics 中,利用非耦合和全耦合试验数据进行模型验证。

8.2　模 型 框 架

基于已有的试验研究[7~11],为了准确描述水泥基材料 MC 耦合作用,必须考虑两种损伤:一是力学损伤,二是化学损伤。力学损伤主要是由应力诱发固体基质产生微裂纹造成的,化学损伤是由固体基质溶解导致的孔隙度增加造成的。

8.2.1　状态变量和状态准则

本章主要考虑如下主要现象:弹性变形用弹性应变张量 $\boldsymbol{\varepsilon}^{e}$ 表示;塑性变形用瞬时塑性应变张量 $\boldsymbol{\varepsilon}^{p}$ 和流变应变张量 $\boldsymbol{\varepsilon}^{c}$ 表示;力学损伤由内变量 d_{m} 表示;化学损伤由内变量 d_{c} 表示。在小位移和小变形的假设下,总应变增量可以表示为弹性应变增量 $\mathrm{d}\boldsymbol{\varepsilon}^{e}$、瞬时塑性应变增量 $\mathrm{d}\boldsymbol{\varepsilon}^{p}$ 和流变应变增量 $\mathrm{d}\boldsymbol{\varepsilon}^{c}$ 之和,即

$$\mathrm{d}\boldsymbol{\varepsilon}=\mathrm{d}\boldsymbol{\varepsilon}^{e}+\mathrm{d}\boldsymbol{\varepsilon}^{p}+\mathrm{d}\boldsymbol{\varepsilon}^{c} \tag{8.1}$$

本章假设等温条件成立,则热动力势函数表示为

$$\psi(\boldsymbol{\varepsilon}^{e},\gamma^{p},\gamma^{c},d_{m},d_{c})=\frac{1}{2}(\boldsymbol{\varepsilon}-\boldsymbol{\varepsilon}^{p}-\boldsymbol{\varepsilon}^{c}):\boldsymbol{C}(d_{m},d_{c}):(\boldsymbol{\varepsilon}-\boldsymbol{\varepsilon}^{p}-\boldsymbol{\varepsilon}^{c})$$
$$+\psi^{p}(\gamma^{p},d_{m},d_{c})+\psi^{c}(\gamma^{c},d_{m},d_{c}) \tag{8.2}$$

式中,$\boldsymbol{C}(d_{m},d_{c})$ 为四阶有效弹性刚度张量,并且与力学损伤 d_{m} 和化学损伤 d_{c} 联系在一起;ψ^{p} 和 ψ^{c} 分别为瞬时塑性能和流变能;γ^{p} 和 γ^{c} 分别为塑性硬化内变量和流变硬化内变量。对热动力势函数求导,得到状态方程:

$$\boldsymbol{\sigma}=\frac{\partial\psi}{\partial\boldsymbol{\varepsilon}^{e}}=\boldsymbol{C}(d_{m},d_{c}):(\boldsymbol{\varepsilon}-\boldsymbol{\varepsilon}^{p}-\boldsymbol{\varepsilon}^{c}) \tag{8.3}$$

对于各向同性材料,损伤材料的有效弹性刚度张量表示为

$$\boldsymbol{C}(d_{m},d_{c})=2\mu(d_{m},d_{c})\boldsymbol{K}+3k(d_{m},d_{c})\boldsymbol{J} \tag{8.4}$$

式中,$k(d_{m},d_{c})$ 为损伤材料的体积模量;$\mu(d_{m},d_{c})$ 为损伤材料的剪切模量;各向同性四阶对称张量定义为

$$\boldsymbol{J}=\frac{1}{3}\boldsymbol{\delta}\otimes\boldsymbol{\delta},\quad\boldsymbol{K}=\boldsymbol{I}-\boldsymbol{J} \tag{8.5}$$

式中,$\boldsymbol{\delta}$ 为二阶单位张量;$\boldsymbol{I}=\boldsymbol{\delta}\,\overline{\otimes}\,\boldsymbol{\delta}$ 为四阶对称单位张量:$I_{ijkl}=\frac{1}{2}(\delta_{ik}\delta_{jl}+\delta_{il}\delta_{jk})$。

注意,对于任意二阶张量 $\boldsymbol{E}$,都有如下关系:$\boldsymbol{J}:\boldsymbol{E}=\frac{1}{3}(\mathrm{tr}\boldsymbol{E})\boldsymbol{\delta}$,$\boldsymbol{K}:\boldsymbol{E}=\boldsymbol{E}-$

$\frac{1}{3}(\mathrm{tr}\boldsymbol{E})\boldsymbol{\delta}$,分别代表二阶张量 $\boldsymbol{E}$ 的静水压力部分和偏应力部分。

与力学损伤变量有关的热动力学驱动力表示为

$$Y_{dm} = -\frac{\partial \psi}{\partial d_m} = -\frac{1}{2}(\boldsymbol{\varepsilon} - \boldsymbol{\varepsilon}^p - \boldsymbol{\varepsilon}^c) : \boldsymbol{C}'(d_m, d_c) : (\boldsymbol{\varepsilon} - \boldsymbol{\varepsilon}^p - \boldsymbol{\varepsilon}^c) - \frac{\partial \psi^p}{\partial d_m} - \frac{\partial \psi^c}{\partial d_m}$$

$$(8.6)$$

四阶张量 $\boldsymbol{C}'(d_m, d_c)$ 为刚度张量对力学损伤变量的导数,其表达式如下:

$$\boldsymbol{C}'(d_m, d_c) = \frac{\partial \boldsymbol{C}(d_m, d_c)}{\partial d_m} \qquad (8.7)$$

其内部的能耗必须满足

$$\boldsymbol{\sigma} : \dot{\boldsymbol{\varepsilon}}^p + \boldsymbol{\sigma} : \dot{\boldsymbol{\varepsilon}}^c + Y_{dm} \dot{d}_m \geqslant 0 \qquad (8.8)$$

力学势函数须考虑钙离子在孔隙中传输的影响,该力学势函数是钙离子浓度场梯度的函数。在此基础上,可以定义其化学耗散准则[25,27]。化学溶解过程的能量耗散率被划分为两部分,一部分与钙离子传输有关,一部分与化学溶解有关,两部分必须都是非负的。

本构方程式(8.3)的率形式可以写为

$$\dot{\boldsymbol{\sigma}} = \boldsymbol{C}(d_m, d_c) : (\dot{\boldsymbol{\varepsilon}} - \dot{\boldsymbol{\varepsilon}}^p - \dot{\boldsymbol{\varepsilon}}^c)$$

$$+ \frac{\partial \boldsymbol{C}(d_m, d_c)}{\partial d_m} : (\boldsymbol{\varepsilon} - \boldsymbol{\varepsilon}^p - \boldsymbol{\varepsilon}^c) \dot{d}_m + \frac{\partial \boldsymbol{C}(d_m, d_c)}{\partial d_c} : (\boldsymbol{\varepsilon} - \boldsymbol{\varepsilon}^p - \boldsymbol{\varepsilon}^c) \dot{d}_c \quad (8.9)$$

式中,点表示变量对时间的导数(或者数值计算中的增量)。

为了求解式(8.9),必须给出演化准则,用以确定瞬时塑性应变增量 $\dot{\boldsymbol{\varepsilon}}^p$、流变应变增量 $\dot{\boldsymbol{\varepsilon}}^c$、力学损伤变量增量 $\dot{d}_m$ 和化学损伤变量增量 $\dot{d}_c$。

8.2.2　塑性和流变特性

如前所述,应变张量包括弹性变形、瞬时塑性变形和流变变形,因此,塑性变形可以由瞬时塑性模型和流变模型进行描述。但是,必须在这些模型中考虑力学损伤和化学损伤的影响。在本章中,瞬时塑性的屈服函数和塑性势函数是柯西应力张量、力学损伤变量、化学损伤变量以及与塑性硬化内变量有关的热力学共轭力 α^p 的函数,表示如下:

$$f^p(\boldsymbol{\sigma}, \alpha^p, d_m, d_c) \leqslant 0, \quad g^p(\boldsymbol{\sigma}, \alpha^p, d_m, d_c) \leqslant 0 \qquad (8.10)$$

瞬时塑性的流动法则和加卸载准则为

$$\dot{\boldsymbol{\varepsilon}}^p = \dot{\lambda}^p \frac{\partial g^p(\boldsymbol{\sigma}, \alpha^p, d_m, d_c)}{\partial \boldsymbol{\sigma}} \qquad (8.11)$$

$$f^p(\boldsymbol{\sigma}, \alpha^p, d_m, d_c) = 0, \quad \dot{\lambda}^p \geqslant 0, \quad f^p(\boldsymbol{\sigma}, \alpha^p, d_m, d_c) \dot{\lambda}^p = 0 \qquad (8.12)$$

和瞬时塑性相似,流变应变也可以由黏塑性屈服函数和黏塑性势函数来描述:

$$f^c(\boldsymbol{\sigma}, \alpha^c, d_m, d_c) \leqslant 0, \quad g^c(\boldsymbol{\sigma}, \alpha^c, d_m, d_c) \leqslant 0 \qquad (8.13)$$

然而,在实际情况下,流变速率往往用一个经验函数来描述。这个经验函数是应力、时间、力学损伤和化学损伤的非线性函数,其表达式如下:

$$\dot{\boldsymbol{\varepsilon}}^c = \dot{\boldsymbol{\varepsilon}}^c(\boldsymbol{\sigma}, t, d_m, d_c) \tag{8.14}$$

8.2.3　力学损伤

力学损伤的演化可以通过给定耗散的势函数来确定,对于非黏性耗散情况,力学损伤演化规律可以由一个损伤准则推演出来。这个损伤准则是力学损伤共轭力(力学损伤能量耗散)的标量值函数,通常形式如下:

$$f_{dm}(Y_{dm}, d_m, d_c) = Y_{dm} - r(d_m, d_c) \leqslant 0 \tag{8.15}$$

式中,$r(d_m, d_c)$为在给定力学损伤和化学损伤状态下,力学损伤能量释放阈值。

注意,由于力学荷载和化学劣化的相互作用,力学损伤阈值受到化学损伤的影响,化学损伤引起连通孔隙度的变化,因此$r(d_m, d_c)$不仅和力学损伤变量d_m有关,而且和化学损伤变量d_c有关。此外,力学损伤驱动力Y_{dm}受化学损伤和塑性应变的影响[式(8.6)],因此力学损伤的演化规律与化学损伤和塑性变形都有关系。借助经典的正态耗散格式,就可以确定力学损伤的演化速率。

8.2.4　化学损伤

根据微观观察,水泥基材料的化学损伤是因为钙离子的溶解导致的孔隙度的增加[12],因此由化学劣化导致的孔隙度增加可以视为化学损伤过程。化学损伤变量可以描述为

$$d_c = \phi - \phi_0 \tag{8.16}$$

式中,ϕ_0为完好材料的初始连通孔隙度。

孔隙度的演化依赖于材料的矿物成分,并且由给定材料的化学模型和质量守恒方程控制。化学模型和质量守恒方程将在下面讨论。

8.3　钢纤维混凝土材料的特殊模型

钢纤维混凝土是核废料处置库中一种应用广泛的工程材料,基于上面的框架,本节将建立一个适用于钢纤维混凝土的力学和钙离子浸出耦合模型。许多学者通过试验对钢纤维混凝土的力学性质、钙离子浸出过程及其耦合过程进行了研究[7,12,17,26,30]。本章选用两种钢纤维混凝土材料:CEM IF 和 CEM VF,它们的组成成分如表 8.1 所示。

表 8.1　混凝土材料 CEM IF 和 CEM VF 的组成成分　（单位：kg/m³）

组成成分	CEM IF	CEM VF
水泥：CEM I 52.5 R PM-ES	450	—
水泥：CEM V/A 42.5 R PM-ES	—	—454
砂：石灰岩(0～4mm)	984	984
粗骨料：石灰岩(5～12.5)	672	672
减水剂：SIKA Visconcrete 5400F	13.70	17.25
活性二氧化硅粉：CONDENSIL S95 DM	45	45
水	172	178
钢纤维：普通不锈钢（长度 30mm，直径 0.6mm）	85	85

8.3.1　弹塑性损伤模型

根据试验结果[17]，钢纤维混凝土的应力-应变曲线有如下特点：钢纤维混凝土表现为脆性，但是当损伤局部化时，在峰后阶段会产生很大的塑性变形，这是由钢纤维的存在造成的。因此，本章提出了一种弹塑性模型来描述钢纤维混凝土的瞬时力学性质。

由于钢纤维混凝土的塑性变形受到化学损伤的影响，因此本章提出一个基于 Drucker-Prager 准则的屈服函数，考虑到化学损伤的影响，屈服函数的表达式为

$$F = 3\eta(d_c)p + q - (1 - d_m)K(d_c) \tag{8.17}$$

式中，p 和 q 分别为第一、第二应力不变量；η 和 K 依赖于化学损伤程度，因此表示为化学损伤变量的函数：

$$\eta = \frac{1}{\sqrt{3}}\left[\frac{2R_c(d_c)}{R_t(d_c) + R_c(d_c)} - 1\right] \tag{8.18}$$

$$K = \frac{2}{\sqrt{3}}\left[\frac{R_t(d_c) \cdot R_c(d_c)}{R_t(d_c) + R_c(d_c)}\right] \tag{8.19}$$

式中，R_c 和 R_t 分别为单轴抗压强度和单轴抗拉强度，它们可以由给定化学损伤程度下的单轴拉伸和压缩试验测得。

屈服函数中的力学损伤变量 d_m，用来表征微裂缝对材料参数 K 的影响，并由此来表征材料峰后阶段的软化性质。

由于缺少试验数据来决定塑性势函数，因此本章用的是关联流动法则。塑性应变增量为

$$d\varepsilon_{ij}^p = d\lambda\frac{\partial F}{\partial \sigma_{ij}} \tag{8.20}$$

众所周知，混凝土的拉压性质不同，这也导致力学损伤的演化和力学损伤对力学性质的影响在拉压两种情况下是不同的。在拉应力荷载下，力学损伤主要由裂

缝的张开造成,裂缝的扩展和拉应变直接相关。然而,在压应力荷载下,力学损伤通常和闭合裂缝相关。除此之外,力学损伤的演化和微裂缝面的摩擦滑移相互耦合。同时,当微裂缝闭合时单边效应也会影响混凝土的弹塑性性质。例如,由拉应力导致的弹性模量的劣化在随后的压应力作用下可能会部分或者全部恢复。基于以往关于水泥基材料力学损伤模型的研究[31~33],本章提出用两个标量值力学损伤变量 d_{mc} 和 d_{mt} 分别表示压应力和拉应力条件下的力学损伤。因此,全局的力学损伤依赖于当前的应力状态。本章用式(8.21)描述全局的力学损伤:

$$d_m = (1 - a_t) d_{mc} + a_t d_{mt} \tag{8.21}$$

式中,系数 $a_t \in [0,1]$,由当前的应力状态决定。

引入系数 a_t 主要用来表示拉应力和压应力引起的力学损伤对全局力学损伤的贡献。基于以前的研究[31~33],a_t 表示为

$$a_t = \frac{\| \boldsymbol{\sigma}^+ \|}{\| \boldsymbol{\sigma} \|} \tag{8.22}$$

式中,$\boldsymbol{\sigma}^+$ 为应力张量的正锥值,此值源于基于特征值和特征向量的应力张量的谱分解。

很明显,当 $a_t = 0$ 时为完全压应力状态,当 $a_t = 1$ 时为完全拉应力状态。在不可逆热动力学框架下,需要定义两个力学损伤准则来确定两个力学损伤的演化。力学损伤变量是共轭损伤驱动力[式(8.6)]的标量值函数,但通过试验来确定这样的损伤驱动力并不容易,所以通常采用一些简化的方法。例如,拉伸损伤的演化本质上主要由拉伸主应变控制,而压缩损伤主要和沿微裂缝面的塑性滑移有关。因此,本章提出两种力学损伤演化分别由如下驱动力控制[34]:

$$Y_{dmc} = \max(\gamma_p, 0) \tag{8.23}$$

$$Y_{dmt} = \max(\varepsilon_{eq}, 0), \quad \varepsilon_{eq} = 2 \sqrt{\sum_{i=1}^{3} \langle \varepsilon_i \rangle^2} \tag{8.24}$$

若 $\varepsilon_i \geqslant 0$,则 $\langle \varepsilon_i \rangle = \varepsilon_i$,其中 $\varepsilon_i (i=1,2,3)$ 是三个主应变。基于前人的研究[35],两个力学损伤变量分别为

$$d_{mc} = \overline{d}_{mc} [1 - \exp(-b_{mc} Y_{dmc})] \tag{8.25}$$

$$d_{mt} = \overline{d}_{mt} [1 - \exp(-b_{mt} Y_{dmt})] \tag{8.26}$$

式中,b_{mc} 和 b_{mt} 分别控制着压缩和拉伸损伤演化的发展速率;$\overline{d}_{mc}$ 和 $\overline{d}_{mc}$ 定义了损伤变量的渐进值。

注意,为了简便,本章的两个力学损伤驱动力的初值取为零,而且选取两个基于物理概念的驱动力代替式(8.6)中的热动力学共轭驱动力。

考虑到力学损伤对有效弹性刚度张量的影响,有效弹性刚度张量表示为

$$\boldsymbol{C}(d_c, d_m) = (1 - d_m) \boldsymbol{C}(d_c) \tag{8.27}$$

式中,$\boldsymbol{C}(d_c)$ 表示没有力学损伤情况下的有效弹性刚度张量。

式(8.27)基于各向同性假设,并假设力学损伤对体积模量和剪切模量的影响

是一样的。

8.3.2　流变模型

大量的流变试验表明,流变应变速率作为时间的函数表现出三种不同的变化形态:①初始流变阶段,流变速率随着时间不断减小;②第二流变阶段,流变应变速率是常数;③第三流变阶段,流变速率随着时间不断增长,直到材料破坏。实际上,在整个流变过程中,第二流变阶段占据了大部分时间。第三流变阶段仅占据材料破坏前很小的一部分时间[36],因此本章重点考虑初始流变和第二流变阶段。

常温下的试验表明,钢纤维混凝土流变速率是应力、时间和化学损伤变量的函数:

$$\dot{\boldsymbol{\varepsilon}}^{c} = \dot{\boldsymbol{\varepsilon}}^{c}(\boldsymbol{\sigma}, t, d_c) \tag{8.28}$$

假设材料是各向同性的,本章假定流变速率是应力的线性函数,因此流变速率为

$$\dot{\boldsymbol{\varepsilon}}^{c} = (A_1 m t^{m-1} + A_2)(1 + \alpha_{dc} d_c)\boldsymbol{\sigma} \tag{8.29}$$

式中,$A_1 m t^{m-1}$ 和 A_2 用来分别定义初始流变阶段和第二流变阶段;模型参数 m 必须满足 $0 < m < 1$,这样才能使主流变阶段流变速率随时间减小;α_{dc} 用来描述化学损伤对流变速率的影响。α_{dc} 可以通过比较给定损伤程度的流变速率和无化学损伤的钢纤维混凝土的流变速率来确定。

以往的试验结果[37]显示,混凝土拉伸流变速率和压缩流变速率是不同的,因此,流变速率可以表示为

$$\dot{\boldsymbol{\varepsilon}}^{cc} = (A_{1c} + A_{2c} m t^{m-1})(1 + \alpha_{dc} d_c)\boldsymbol{\sigma} \tag{8.30}$$

$$\dot{\boldsymbol{\varepsilon}}^{ct} = (A_{1t} + A_{2t} m t^{m-1})(1 + \alpha_{dt} d_t)\boldsymbol{\sigma} \tag{8.31}$$

式中,$\dot{\boldsymbol{\varepsilon}}^{cc}$ 和 $\dot{\boldsymbol{\varepsilon}}^{ct}$ 分别表示压缩和拉伸应力下的流变速率。

引进参数 A_{1c}、A_{2c}、A_{1t} 和 A_{2t} 主要用来描述拉伸和压缩条件下流变速率的不同。因为流变速率由经验公式给出,所以模型参数 A_{1c}、A_{2c}、A_{1t} 和 A_{2t} 可以根据试验数据运用拟合的方法得到。

8.3.3　浸出模型

在自然条件下,混凝土孔隙溶液里钙离子的浓度和固体基质里的钙离子浓度是相平衡的。但水泥胶体在外边界接触到侵蚀性液体时,这一平衡就被打破了,固体基质里面的钙离子开始溶解,并向孔隙溶液扩散。钙离子的溶解和扩散过程必须服从质量守恒方程:

$$\frac{\partial(\phi Ca^{2+})}{\partial t} = -\nabla \cdot [-D(Ca^{2+}, d_m)\nabla Ca^{2+}] + M^0_{Ca^{solid} \to Ca^{2+}} \tag{8.32}$$

式中,Ca^{2+} 和 ϕ 分别为孔隙溶液中钙离子的物质的量浓度和孔隙度;$D(Ca^{2+}, d_m)$ 为有效扩散系数,它是孔隙溶液钙离子浓度和力学损伤变量的函数[19,21,38,39];

$M_{\mathrm{Ca}^{\mathrm{solid}}\to\mathrm{Ca}^{2+}}^{0}$ 表示单位时间内钙离子向孔隙溶液溶解的量,可以表示为

$$M_{\mathrm{Ca}^{\mathrm{solid}}\to\mathrm{Ca}^{2+}}^{0}=-\frac{\partial \mathrm{Ca}^{\mathrm{solid}}}{\partial t}=-\frac{\partial \mathrm{Ca}^{\mathrm{solid}}}{\partial \mathrm{Ca}^{2+}}\frac{\partial \mathrm{Ca}^{2+}}{\partial t} \qquad (8.33)$$

将式(8.33)代入式(8.32)得到

$$\left[\phi(\mathrm{Ca}^{2+})+\mathrm{Ca}^{2+}\frac{\partial \phi(\mathrm{Ca}^{2+})}{\partial \mathrm{Ca}^{2+}}+\frac{\partial \mathrm{Ca}^{\mathrm{solid}}}{\partial \mathrm{Ca}^{2+}}\right]\frac{\partial \mathrm{Ca}^{2+}}{\partial t}=\nabla\left[D(\mathrm{Ca}^{2+},d_{\mathrm{m}})\nabla \mathrm{Ca}^{2+}\right]$$

$$(8.34)$$

式(8.34)中括号里的前两项表示孔隙度的变化对钙离子扩散的影响,第三项表示相变对钙离子扩散的影响。通常情况下,相变的影响占主要地位[4],因此,可以通过忽略前两项对式(8.34)进行简化:

$$C(\mathrm{Ca}^{2+})\frac{\partial \mathrm{Ca}^{2+}}{\partial t}=D(\mathrm{Ca}^{2+},d_{\mathrm{m}})\nabla^{2}\mathrm{Ca}^{2+} \qquad (8.35)$$

式中,$C(\mathrm{Ca}^{2+})=\dfrac{\partial \mathrm{Ca}^{\mathrm{solid}}}{\partial \mathrm{Ca}^{2+}}$为钙离子的源项;$\nabla^{2}$为拉普拉斯算子。

式(8.35)表示钙离子在孔隙溶液中的扩散过程。非线性项$C(\mathrm{Ca}^{2+})=\dfrac{\partial \mathrm{Ca}^{\mathrm{solid}}}{\partial \mathrm{Ca}^{2+}}$的存在和扩散系数对钙离子浓度和力学损伤变量的依赖,导致式(8.35)是一个非线性方程。

为了求解式(8.35),必须先确定$C(\mathrm{Ca}^{2+})=\dfrac{\partial \mathrm{Ca}^{\mathrm{solid}}}{\partial \mathrm{Ca}^{2+}}$和$D(\mathrm{Ca}^{2+},d_{\mathrm{m}})$。第一项表示钙离子在固体基质中的浓度对钙离子在溶液中浓度的导数,可以由$\mathrm{Ca}^{\mathrm{solid}}$(固体基质钙离子浓度)和$\mathrm{Ca}^{2+}$(孔隙溶液钙离子浓度)的化学平衡曲线得到,许多学者[40,41]已经通过试验获得了这一平衡曲线。本章采取 Adenot 获得的平衡曲线[1],如图8.1所示。这一曲线包括三个阶段:第一阶段固体基质中钙离子浓度下降,此时氢氧化钙在溶解;第二阶段氢氧化钙的溶解速率下降,此时部分水化硅酸钙和其他的水泥水化产物开始溶解;最后固体钙离子浓度急剧降低直到全部溶解。$19\mathrm{mol/m}^{3}$ 和 $2\mathrm{mol/m}^{3}$ 是区分平衡曲线三个不同阶段的两个转折点。由平衡曲线也就可以得到$C(\mathrm{Ca}^{2+})=\dfrac{\partial \mathrm{Ca}^{\mathrm{solid}}}{\partial \mathrm{Ca}^{2+}}$,如图8.2所示,从图8.2中可以清楚看到钙离子浸出的三个阶段。

由式(8.35)可知,扩散系数是控制钙离子在孔隙溶液中扩散的关键因素。许多研究[18,38]表明,扩散系数受水化产物体积分数、温度和力学变形的影响。考虑等温条件和力学损伤的影响,采用如下扩散系数公式:

$$D=D(\mathrm{Ca}^{2+},d_{\mathrm{m}})=D_{\mathrm{e}}(\mathrm{Ca}^{2+})(1+\alpha_{\mathrm{D}}d_{\mathrm{m}}) \qquad (8.36)$$

式中,$D_{\mathrm{e}}(\mathrm{Ca}^{2+})$为没有力学损伤时的扩散系数。$D_{\mathrm{e}}(\mathrm{Ca}^{2+})$可以采用已有的公

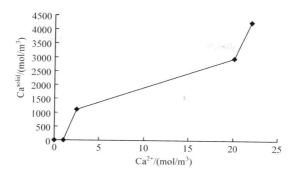

图 8.1　固体钙离子浓度与孔隙溶液钙离子浓度化学平衡曲线[1]

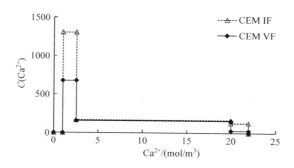

图 8.2　钙离子扩散方程的源项

式[13,17]，对于本章中的 CEM IF 和 CEM VF 钢纤维混凝土，采用下面的公式[17]：

$$D_e = \begin{cases} v_{paste}^{3/2} \min\left[e^{-(3.71\phi_{paste}-27.93)}; 7.92 \times 10^{-10} \right], & Ca^{2+} \geqslant 2.5 \text{mol/m}^3 \\ v_{paste}^{3/2} \min\left[e^{-(6.84\phi_{paste}-27.72)}; 7.92 \times 10^{-10} \right], & Ca^{2+} < 2.5 \text{mol/m}^3 \end{cases}$$

$$(8.37)$$

式中，v_{paste} 为水泥胶体的体积分数，由混凝土的成分计算得到（表 8.1）。ϕ_{paste} 为混凝土的孔隙度，可以通过浸出试验得到。式(8.37)可以通过对比试验中钙离子浸出深度进行验证。CEM IF 和 CEM VF 钢纤维混凝土 D_e 的演化规律如图 8.3所示。

式(8.36)中，$1+\alpha_D d_m$ 用来表示力学损伤对扩散系数的影响。这是因为力学损伤会引起微裂纹的产生，增加钙离子的扩散速率。考虑这个物理机理，有效扩散系数 $D_e(1+\alpha_D d_m)$ 必须满足如下条件：大于完好无损混凝土的扩散系数，但小于在自由水中的扩散系数，即混凝土完全碎裂的情况[38]。所以 $0 \leqslant (1+\alpha_D d_m) \leqslant 100$ 必须得到满足。

为了加速钙离子的浸出，可以用 6mol/L 的硝酸铵溶液代替纯水[7]。为了适应加速的浸出试验，质量守恒方程也必须做出调整。Sellier 等[30]提出了一个简单

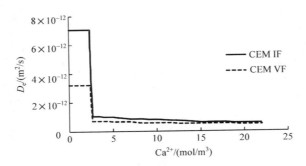

图 8.3　扩散系数的演化规律

的修正质量守恒方程的方法。该方法利用两个放大系数,通过纯水试验的 Ca^{2+} 梯度推导出 Ca_{AN}(硝酸铵溶液侵蚀下钙离子浓度)和 $Ca(NO_3)_2$ 的梯度。式(8.35)中的源项也可以通过纯水溶液中源项引进放大系数得到。经过一系列转换,用 λ 代替全局的加速系数,在硝酸铵侵蚀下,式(8.35)可以转换为

$$\frac{\partial Ca^{solid}}{\partial Ca^{2+}}\frac{\partial Ca^{2+}}{\partial t}=\lambda D_e(Ca^{2+})\nabla^2 Ca^{2+} \tag{8.38}$$

乘子 λ 可以通过硝酸铵侵蚀下钙离子浸出前端的演化过程来拟合得到。

　　式(8.16)已经对化学损伤进行了定义,考虑混凝土的组成成分、钙离子质量守恒方程和化学平衡,并基于前人的研究[39],本章中的化学损伤变量采用如下公式:

$$d_c=d_{cmax}\left[1-e^{(Ca^{solid}-Ca_0^{solid})}\right] \tag{8.39}$$

式中,d_{cmax} 表示化学损伤的渐进值;Ca_0^{solid} 和 Ca^{solid} 分别表示初始无损伤时固体基质内钙离子的浓度和当前固体基质内钙离子的浓度。

　　参数 d_{cmax} 由损伤状态下混凝土的弹性模量和完好无损的混凝土的弹性模量的比值得到。其中,弹性模量由压痕试验确定,分别在侵蚀后和完好混凝土表面进行压痕试验,分别记录施加的压力和相应的压入深度,由压力和压入深度的曲线可以方便地确定弹性模量,进而比较受侵蚀混凝土和没有受侵蚀混凝土的弹性模量,就可以得到 d_{cmax}。

8.4　模型应用

　　采用商业多场耦合模拟软件 COMSOL Multiphysics,运用提出的模型对试验数据进行模拟。首先在软件几何界面建立几何模型,通过 COMSOL Multiphysics 中的三个物理场模块实现水力、化学和力学模型的建立。然后,这些模型在 COM-SOL Multiphysics 转化为一系列偏微分方程,通过软件提供的非线性求解器对各个模型的偏微分方程组进行联立求解,从而得到耦合结果。耦合结果经过软件的

后处理得到直观的图形化结果,通过对非耦合试验到全耦合试验的模拟,逐步确定模型参数。

8.4.1　拉伸和弯曲试验的模拟

参数 E、ν、R_c 和 R_t 分别表示弹性模量、泊松比、抗压强度和抗拉强度,这些参数的取值可以通过单轴压缩和拉伸试验获得,参数值如表 8.2 所示。

表 8.2　混凝土 CEM IF 和 CEM VF 模型参数

参数	CEM IF	CEM VF
E/MPa	43000	44500
ν	0.27	0.27
R_c/MPa	80.6	83.1
R_t/MPa	4.6	4.5
$\bar{d}_{\mathrm{mt}}$	0.3	0.3
b_{mt}	10	10
$\bar{d}_{\mathrm{mc}}$	0.1	0.1
b_{mc}	10^{-2}	10^{-2}
m	0.5	0.5
A_{1c}	0.6×10^{-20}	0.6×10^{-20}
A_{2c}	0.9×10^{-18}	0.9×10^{-18}
A_{1t}	0.6×10^{-19}	0.6×10^{-19}
A_{2t}	0.9×10^{-17}	0.9×10^{-17}
λ	350	300
d_{cmax}	0.7	0.7
α_{D}	130	130
α_{dc}	10	10

与拉伸相关的参数 $\bar{d}_{\mathrm{mt}}$ 和 b_{mt} 可以通过单轴拉伸试验得到。如前所述,$\bar{d}_{\mathrm{mt}}$ 表示力学损伤的终值,因此 $\bar{d}_{\mathrm{mt}}$ 可以由单轴拉伸试验的剩余强度和峰值强度的比值得到。b_{mt} 可以通过对单轴拉伸应力-应变曲线进行拟合得到,取值如表 8.2 所示。单轴拉伸试验的轴向应力-应变曲线的模拟结果如图 8.4 所示。

单轴拉伸模拟完成之后,对三点弯曲试验进行模拟。模型参数 $\bar{d}_{\mathrm{mc}}$ 和 b_{mc} 的确定及参数 $\bar{d}_{\mathrm{mt}}$ 和 b_{mt} 的确定过程相似,只是需要采用压缩试验结果。由于缺少试验数据,因此通过三点弯曲的试验数据进行曲线拟合来确定参数 $\bar{d}_{\mathrm{mc}}$ 和 b_{mc},如表 8.2 所示。三点弯曲试验的模拟结果如图 8.5 所示。由以上结果发现,提出的模型能够很好地预测单轴拉伸和弯曲荷载下钢纤维混凝土的力学性质。

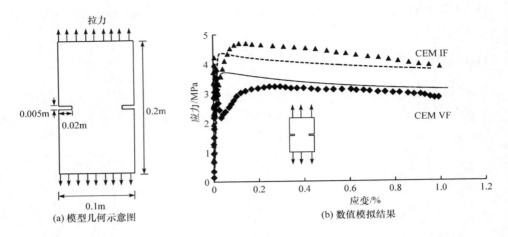

(a) 模型几何示意图　　　　(b) 数值模拟结果

图 8.4　混凝土 CEM IF 和 CEM VF 单轴拉伸试验的应力-应变模拟结果（实线为模拟结果）

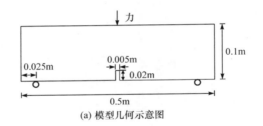

(a) 模型几何示意图

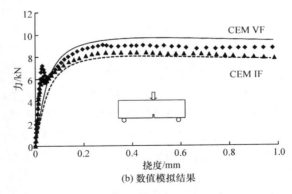

(b) 数值模拟结果

图 8.5　混凝土 CEM IF 和 CEM VF 三点弯曲试验的数值模拟（实线为模拟结果）

8.4.2　压缩流变和弯曲流变模拟

本节提出的流变模型用来模拟单轴压缩流变和四点弯曲流变试验结果。基于单轴压缩试验数据，通过拟合可以首先确定模型参数 A_{1c}、A_{2c} 和 m。采用相同的方法,通过四点弯曲的试验数据可以得到参数 A_{1t} 和 A_{2t}。参数取值如表 8.2 所示,数值模拟的结果如图 8.6 和图 8.7 所示。结果显示,模型可以很好地预测压缩和弯曲条件下流变的演化规律。

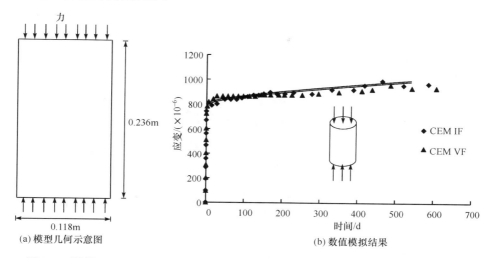

图 8.6　混凝土 CEM IF 和 CEM VF 单轴压缩流变试验的数值模拟(实线为模拟结果)

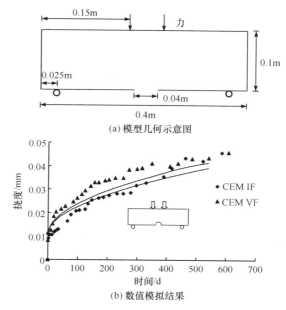

图 8.7　混凝土 CEM IF 和 CEM VF 四点弯曲流变试验的数值模拟(实线为模拟结果)

8.4.3　硝酸铵侵蚀后单轴拉伸和四点弯曲试验的模拟

　　为了模拟硝酸铵侵蚀后单轴拉伸和四点弯曲试验,首先通过浸出模型确定孔隙溶液中 Ca^{2+} 浓度在混凝土中的分布,然后通过式(8.39)可以确定化学损伤,运用力学模型模拟试验结果。

　　硝酸盐侵蚀试验中,对侵蚀深度的拟合可以确定乘子 λ。通过浸出模型可以确定不同时间钙离子浓度的分布,结果如图8.8所示。

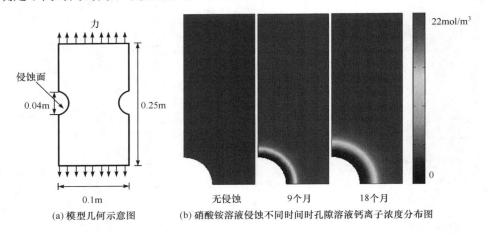

(a) 模型几何示意图　　　(b) 硝酸铵溶液侵蚀不同时间时孔隙溶液钙离子浓度分布图

图 8.8　硝酸铵溶液侵蚀不同时间下混凝土 CEM IF 和 CEM VF 的单轴拉伸试验的数值模拟

　　对受侵蚀混凝土侵蚀区域进行微观硬度试验[12]发现,随着侵蚀的加深,混凝土的力学性质不断改变。为了描述化学侵蚀对力学性质的影响,本章采用以下公式:

$$E=E_0(1-d_c) \tag{8.40}$$

$$R_c=R_{c0}(1-d_c) \tag{8.41}$$

$$R_t=R_{t0}(1-d_c) \tag{8.42}$$

式中,E_0、R_{c0} 和 R_{t0} 分别为无损钢纤维混凝土弹性模量、抗压强度和抗拉强度,取值如表8.2所示。为了简化,泊松比在整个侵蚀过程假设为一个常数。如前所述,d_{cmax} 的取值可由压痕试验确定,但在本节 d_{cmax} 通过对试验数据拟合得到,其取值如表8.2所示。

　　模型参数确定以后,结合浸出模型以及弹塑性损伤模型对硝酸铵侵蚀后单轴拉伸和四点弯曲试验结果进行模拟。图8.9为对硝酸铵侵蚀后单轴拉伸试验的力-位移曲线的模拟结果。随着侵蚀时间的延长,单轴拉伸强度不断减小。图8.10为轴向应力的分布,可以发现,轴向应力的分布和钙离子的分布非常相似,说明钙离子的流失导致力学性质的劣化。图8.11是硝酸铵侵蚀后四点弯曲试验模拟结果,可以发现相同的趋势。

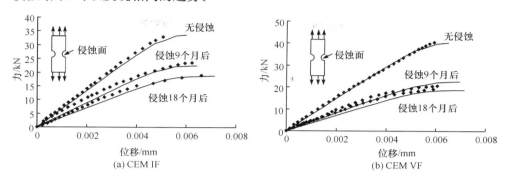

图 8.9 硝酸铵溶液侵蚀不同时间下混凝土 CEM IF 和 CEM VF
的单轴拉伸力-位移曲线的数值模拟

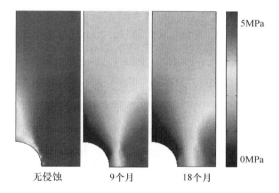

图 8.10 硝酸铵溶液侵蚀不同时间混凝土 CEM VF 单轴拉伸试验的轴向应力分布模拟

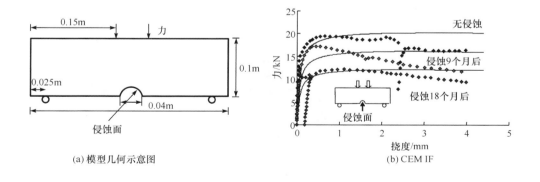

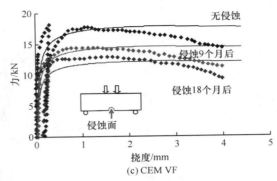

(c) CEM VF

图 8.11　硝酸铵溶液侵蚀不同时间混凝土 CEM IF 和 CEM VF 的四点弯曲试验数值模拟

8.4.4　化学侵蚀下压缩流变和四点弯曲流变的模拟

基于上面的模拟,本节模型将用以模拟硝酸铵侵蚀下单轴压缩流变和四点弯曲流变试验结果。

如前所述,钙离子在孔隙溶液中的扩散受到微裂纹(力学损伤)的影响,引入参数 α_D 就是用来描述这一影响的。同时,化学侵蚀也会改变流变性质,参数 α_{dc} 用来描述这一影响。因为缺少试验数据,所以它们的数值不能从试验数据中直接得到。借鉴以往的研究结果[42],通过对试验数据的拟合可以得到参数 α_{dc} 和 α_D,如表 8.2 所示。参数确定之后,钙离子浸出与力学耦合模型就可以应用到本节中硝酸铵侵蚀下压缩流变和四点弯曲流变的模拟。

图 8.12 是 CEM VF 钢纤维混凝土压缩流变下孔隙溶液中钙离子浓度的分布和轴向应变的分布。可以发现,轴向应变的分布依赖于孔隙溶液钙离子浓度的分布,再次表明固体基质钙离子的溶解导致力学性质的劣化。钢纤维混凝土 CEM IF 和 CEM VF 压缩流变的演化规律模拟结果如图 8.13 所示。

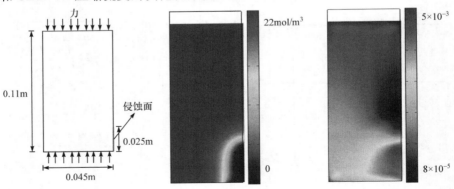

(a) 模型几何示意图　　(b) 混凝土CEM VF 中孔隙溶液钙离子浓度的分布和轴向应变分布

图 8.12　压缩流变试验数值模拟结果

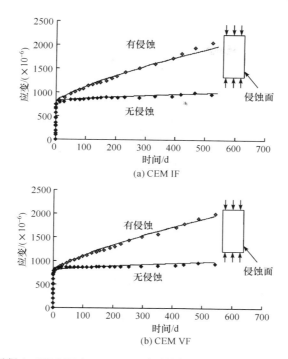

(a) CEM IF

(b) CEM VF

图 8.13　混凝土 CEM IF 和 CEM VF 硝酸铵侵蚀下压缩流变的演化规律模拟

　　混凝土 CEM VF 四点弯曲纵向应变的分布和孔隙溶液钙离子浓度的分布模拟结果如图 8.14 所示。可以发现,固体基质钙离子的溶解对力学变形有很大的影响,因为孔隙溶液钙离子的浓度在应变局部集中区域要比其他区域小。混凝土 CEM IF 和 CEM VF 的挠度演化过程模拟结果如图 8.15 所示,硝酸铵侵蚀下钢纤维混凝土试样流变速率比没有侵蚀试样的速率大很多。

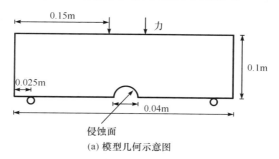

(a) 模型几何示意图

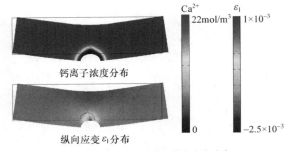

(b) 钙离子浓度的分布和纵向应变分布

图 8.14　混凝土 CEM VF 在硝酸铵侵蚀下四点弯曲流变数值模拟

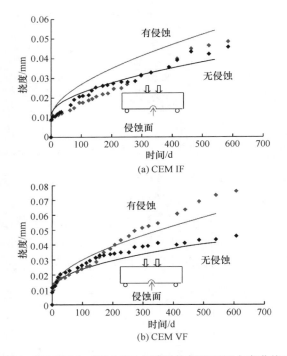

图 8.15　混凝土 CEM IF 和 CEM VF 在硝酸铵侵蚀下四点弯曲挠度演化过程

8.5　本章小结

　　本章首先提出了一个适用于水泥基材料的 MC 耦合的模型框架,可以分别考虑力学损伤和化学损伤的不同机理。基于此框架,提出了一个适用于混凝土钙离子浸出的力学耦合模型,弹性塑性力学性质均为化学损伤变量的函数。采用一个修正的 Drucker-Prager 准则,并考虑力学损伤和化学损伤建立了一个弹塑性损伤模型,流变模型采用包含化学损伤的经验公式,钙离子浸出模型中的扩散系数是力学损伤的增函数。通过对非耦合试验和全耦合试验的模拟,逐步验证了模型的准确性。模型可以较好地模拟钢纤维混凝土钙离子浸出力学耦合性质,在应变局部集中区钙离子的浓度比其他区域的浓度小,硝酸铵侵蚀下的钢纤维混凝土流变速率比没有侵蚀的流变速率小。下一步的研究工作将对目前的模型中进行改进,如力学模型中的应变非局部和质量守恒方程的平滑平衡曲线。

参 考 文 献

[1] Ulm F J. Chemomechanics of concrete at finer scales[J]. Materials & Structures, 2003, 36(7):426-438.

[2] Saito H, Nakane S, Ikari S, et al. Preliminary experimental study on the deterioration of cementitious materials by an acceleration method[J]. Nuclear Engineering and Design, 1992, 138(2):151-155.

[3] Faucon P, Bescop P L, Adenot F, et al. Leaching of cement: Study of the surface layer[J]. Cement and Concrete Research, 1996, 26(11):1707-1715.

[4] Delagrave A, Pigeon M, Éliane Revertégat. Influence of chloride ions and pH level on the durability of high performance cement pastes[J]. Cement and Concrete Research, 1996, 24(8): 1433-1443.

[5] Kamali S, Moranville M, Leclercq S. Material and environmental parameter effects on the leaching of cement pastes: Experiments and modelling[J]. Cement and Concrete Research, 2008, 38(4):575-585.

[6] Tossavainen M, Lind L. Leaching results of reactive materials[J]. Construction and Building Materials, 2008, 22(4):566-572.

[7] Carde C, Escadeillas G, Francois R. Use of ammonium nitrate solution to simulate and accelerate the leaching of cement pastes due to deionized water[J]. Magazine of Concrete Research, 1997, 49(181):295-301.

[8] Heukamp F H, Ulm F J, Germaine J T. Mechanical properties of calcium-leached cement pastes: Triaxial stress states and the influence of the pore pressures[J]. Cement and Concrete Research, 2001, 31(5):767-774.

[9] Heukamp F H, Ulm F J, Germaine J T. Poroplastic properties of calcium-leached cement-based materials[J]. Cement and Concrete Research, 2003, 33(8):1155-1173.

[10] Nguyen V H, Colina H, Torrenti J M, et al. Chemo-mechanical coupling behaviour of leached concrete: Part I: Experimental results[J]. Nuclear Engineering and Design, 2007, 237(20):2083-2089.

[11] Huang B, Qian C. Experiment study of chemo-mechanical coupling behavior of leached concrete[J]. Construction and Building Materials, 2011, 25(5):2649-2654.

[12] Burlion N,Bernard D,Chen D. X-ray microtomography:Application to microstructure analysis of a cementitious material during leaching process[J]. Cement and Concrete Research, 2006,36(2):346-357.

[13] Blanc C. Long-term behaviour of concrete[J]. Revue Européenne De Génie Civil, 2006, 10(9):1107-1125.

[14] Tognazzi C. Couplage fissuration-dégradation chimique dans les matériaux cimentaires: Caractérisation [D]. Toulouse:INSA Toulouse,1998.

[15] Torrenti J M,Nguyen V H,Colina H,et al. Coupling between leaching and creep of concrete [J]. Cement and Concrete Research,2008,38(6):816-821.

[16] Xie S Y,Shao J F,Burlion N. Experimental study of mechanical behaviour of cement paste under compressive stress and chemical degradation[J]. Cement and Concrete Research, 2008,38(12):1416-1423.

[17] Camps G. Etude des interactions chemo-mécaniques pour la simulation du cycle de vie d'un élément de stockage en béton[D]. Toulouse:Univerité Toulouse Ⅲ-Paul Sabatier,2008.

[18] Bentz D P,Garboczi E J. Modelling the leaching of calcium hydroxide from cement paste: Effects on pore space percolation and diffusivity[J]. Materials and Structures,1992,25(9): 523-533.

[19] Stora E,Bary B,He Q C,et al. Modelling and simulations of the chemo-mechanical behaviour of leached cement-based materials:Interactions between damage and leaching[J]. Cement and Concrete Research,2010,40(8):1226-1236.

[20] Larrard T D,Benboudjema F,Colliat J B,et al. Concrete calcium leaching at variable temperature:Experimental data and numerical model inverse identification[J]. Computational Materials Science,2010,49(1):35-45.

[21] Mainguy M,Tognazzi C,Torrenti J M,et al. Modelling of leaching in pure cement paste and mortar[J]. Cement and Concrete Research,2000,30(1):83-90.

[22] Kamali S,Gérard B,Moranville M. Modelling the leaching kinetics of cement-based materials—Influence of materials and environment[J]. Cement and Concrete Composites,2003, 25(4):451-458.

[23] Yang H,Jiang L,Zhang Y,et al. Predicting the calcium leaching behavior of cement pastes in aggressive environments[J]. Construction and Building Materials,2012,29(4):88-96.

[24] Carde C,François R,Torrenti J M. Leaching of both calcium hydroxide and C-S-H from cement paste:Modeling the mechanical behavior[J]. Cement and Concrete Research,1996, 26(8):1257-1268.

[25] Ulm F J,Torrenti J M,Adenot F. Chemoporoplasticity of calcium leaching in concrete[J]. Journal of Engineering Mechanics,1999,125(10):1200-1211.

[26] Bellégo C L,Dubé J F,Pijaudier-Cabot G,et al. Calibration of nonlocal damage model from size effect tests[J]. European Journal of Mechanics-A/Solids,2003,22(1):33-46.

[27] Kuhl D,Bangert F,Meschke G. Coupled chemo-mechanical deterioration of cementitious materials Part II:Numerical methods and simulations[J]. International Journal of Solids and Structures,2004,41(1):41-67.

[28] Lacarrière L,Sellier A,Bourbon X. Concrete mechanical behaviour and calcium leaching weak coupling[J]. Revue Européenne De Génie Civil,2006,10(9):1147-1175.

[29] Nguyen V H,Colina H,Torrenti J M,et al. Chemo-mechanical coupling behaviour of leached concrete:Part Ⅱ:Modeling[J]. Nuclear Engineering and Design,2007,237(20):2090-2097.

[30] Sellier A,Buffo-Lacarrière L,Gonnouni M E,et al. Behavior of HPC nuclear waste disposal structures in leaching environment[J]. Nuclear Engineering and Design,2011,241(1):402-414.

[31] Pietruszczak S,Jiang J,Mirza F A. An elastoplastic constitutive model for concrete[J]. International Journal of Solids and Structures,1988,24(7):705-722.

[32] Bourgeois F,Burlion N,Shao J F. Modelling of elastoplastic damage in concrete due to desiccation shrinkage[J]. International Journal for Numerical and Analytical Methods in Geomechanics,2002,26(8):759-774.

[33] Chen D,Yurtdas I,Burlion N,et al. Elastoplastic damage behavior of a mortar subjected to compression and desiccation[J]. Journal of Engineering Mechanics,2007,133(4):464-472.

[34] Chen L. Contribution à la modélisation du comportement hydromécanique des géomatériaux semi-fragiles[J]. Lille,2009.

[35] Mazars J,Pijaudier-Cabot G. From damage to fracture mechanics and conversely:A combined approach[J]. International Journal of Solids and Structures,1996,33(20-22):3327-3342.

[36] Zhou H,Hu D,Zhang F,et al. A thermo-plastic/viscoplastic damage model for geomaterials[J]. Acta Mechanica Solida Sinica,2011,24(3):195-208.

[37] Marangon E,Filho R D T,Fairbairn E M R. Basic creep under compression and direct tension loads of self-compacting-steel fibers reinforced concrete[M]//Parra-Montesinos G J,Reinhardt H W,Naaman A E. High Performance Fiber Reinforced Cement Composites 6. Berlin:Springer Netherlands,2012:171-178.

[38] Gerard B,Pijaudier-Cabot G,Laborderie C. Coupled diffusion-damage modelling and the implications on failure due to strain localisation[J]. International Journal of Solids and Structures,1998,35(31-32):4107-4120.

[39] Hu D,Zhou H,Hu Q,et al. A hydro-mechanical-chemical coupling model for geomaterial with both mechanical and chemical damages considered[J]. Acta Mechanica Solida Sinica,2012,25(4):361-376.

[40] Berner U R. Modelling the incongruent dissolution of hydrated cement minerals[J]. Radio-chimica Acta,1988,44-45(2):387-394.

[41] Berner U R. Evolution of pore water chemistry during degradation of cement in a radioactive waste repository environment[J]. Waste Management,1992,12(2):201-219.

[42] Gérard B,Marchand J. Influence of cracking on the diffusion properties of cement-based ma-terials:Part I:Influence of continuous cracks on the steady-state regime[J]. Cement and Concrete Research,2000,30(1):37-43.